全国高职高专测绘类专业通用教材

数字测图实训

Training Guide for Digital Mapping

栾玉平　主编

测绘出版社

·北京·

© 张博 2018

所有权利(含信息网络传播权)保留,未经许可,不得以任何方式使用。

内容简介

本书为《数字测图》的配套教材,共分为三章:第1章数字测图实训,选取了五项数字测图外业作业过程中的典型任务,培养学生外业数据采集能力;第2章数字绘图实训,选取了五项数字测图内业作业过程中的典型任务,培养学生绘制地形图的能力;第3章数字测图综合实习,培养学生应用所学知识解决实际问题的能力。第1章和第2章的每项典型任务都附有知识检验,供学生复习参考。

本书可供高职高专测绘类专业如工程测量技术、测绘工程技术、摄影测量与遥感技术、矿山测量、测绘地理信息技术、地理国情监测技术等专业使用,也可供相关专业和从事测绘生产的工程技术人员学习参考。

图书在版编目(CIP)数据

数字测图实训/栾玉平主编. —北京:测绘出版社,2018.12
 全国高职高专测绘类专业通用教材
 ISBN 978-7-5030-4180-8

Ⅰ.①数… Ⅱ.①栾… Ⅲ.①数字化测图—高等职业教育—教材 Ⅳ.①P231.5

中国版本图书馆 CIP 数据核字(2018)第 283140 号

责任编辑	雷秀丽	执行编辑	杨思遥	封面设计	李伟	责任校对	石书贤
出版发行	测绘出版社			电 话	010—83543965(发行部)		
地 址	北京市西城区三里河路 50 号				010—68531609(门市部)		
邮政编码	100045				010—68531363(编辑部)		
电子信箱	smp@sinomaps.com			网 址	www.chinasmp.com		
印 刷	北京建筑工业印刷厂			经 销	新华书店		
成品规格	184mm×260mm						
印 张	4.75			字 数	110 千字		
版 次	2018 年 12 月第 1 版			印 次	2018 年 12 月第 1 次印刷		
印 数	0001—2000			定 价	15.00 元		
书 号	ISBN 978-7-5030-4180-8						

本书如有印装质量问题,请与我社联系调换。

全国高职高专测绘类专业通用教材
编委会名单

顾　　　　问：宁津生
主 任 委 员：赵文亮
副主任委员：陈　平
委　　　　员：（按姓氏笔画排列）
　　　　　　　王晓春　全志强　杨建光　林玉祥
　　　　　　　金　君　周　园　赵国忱　洪　波
　　　　　　　聂俊兵　黄华明　薄志毅

参编学校及生产单位

（排名不分先后）

山西交通职业技术学院	扬州市职业大学
山西建筑职业技术学院	成都理工大学
天津铁道职业技术学院	江西环境工程职业学院
无锡水文工程地质勘察院	张家口职业技术学院
中国科学院地理所	武汉电力职业技术学院
中国第二冶金建设有限责任公司	河南测绘职业学院
甘肃工业职业技术学院	河北水利电力学院
甘肃林业职业技术学院	河北地质职工大学
石家庄铁道大学	河北政法职业学院
石家庄职业技术学院	河北省制图院
本溪市桓仁满族自治县国土资源局	陕西铁路工程职业技术学院
包头铁道职业技术学院	徐州市众望装饰装修监理有限公司
辽宁工程技术大学	江苏建筑职业技术学院
辽宁地质工程职业学院	胶州市规划局
辽宁林业职业技术学院	浙江水利水电学院
辽宁水利职业学院	黑龙江农业职业技术学院
辽宁省交通高等专科学校	湖北水利水电职业技术学院
辽宁科技学院	新疆工程学院

序

当今中国正处于国家信息化大潮之中，国家要通过推进信息化，促进现代化，加速我国经济、社会的发展。正是在国家信息化建设的大背景下促使测绘信息化的发展。国民经济建设和社会可持续发展对诸如时间、空间、属性这类地理空间信息或者说广义测绘信息的需求也在迅速增长。测绘学科和行业在国家信息化和现代化建设中发挥着越来越重要的作用。为了适应国家信息化建设的需求，测绘正开始步入信息化测绘新阶段。由此对测绘人才队伍建设提出了更高的要求。

我国的高等职业教育作为高等教育的重要组成部分，近年来得到了迅速发展，初步形成了适应我国社会主义现代化建设的高等职业教育体系，大大提高了服务社会的能力，也为我们测绘行业培养了大量高素质的技能型测绘专门人才。他们在全国测绘生产、企业部门，形成一支强有力的骨干力量。目前，我国的高职高专教育正处于探索和改革的重要阶段，其主要任务是加强内涵建设，提高教育质量，重点在于提高人才培养质量，因此要努力抓好实践教学和基础课两个课程体系建设，并使两个体系相互交融。通过课程体系、教学内容和教学方法的改革，让专业与职业有效结合，提高学生学习专业与市场需求的吻合度，增强就业竞争能力。因此在我国当前的高职高专教育的教学改革中，以工作过程为导向，突出"工学结合"，融"教、学、做"于一体的教学理念逐渐成为主导。

为了更好地配合高职高专教育教学改革，探索、开发与"工学结合"人才培养模式相适应的高职高专教育测绘类专业课程体系，加快培养能够满足生产、建设、服务和管理第一线需要的测绘类高技能实用人才，测绘出版社组织全国30多所高职高专院校中在教学一线工作的骨干教师和生产单位的专家，结合目前测绘技术的最新发展趋势及社会实际生产的技能需求，编写了这一套兼顾通用性与特色、适合高职高专教育测绘类专业的通用教材。

该套教材以高职高专教育教学改革的基本方向和总体要求为指导，从工作岗位和工作任务出发，以培养职业能力为本位，将生产中的实用技术、新技术更多地融入教材内容，很好地使行动导向与理论导向有机地结合，贯彻"工学结合"的编写主旨，表现出体系完整、联系紧密、通用性强、实用性好的特点，既适合高职高专教育测绘类专业教学使用，也可供相关专业工程技术人员学习参考，必将在推动测绘学科建设、促进高职高专教育测绘类专业教学改革和加快测绘高技能实用人才的培养等诸多方面发挥积极的推动作用。

教育部高等学校测绘学科教学指导委员会主任
中国测绘学会测绘教育工作委员会主任
中国工程院院士
2009 年 6 月

前　言

　　《数字测图实训》是《数字测图》的配套教材。《数字测图实训》是在总结多年的高职高专教学改革成功经验的基础上,结合测绘行业的发展现状编写而成的,主要内容包括数字测图实训、数字绘图实训、数字测图综合实习三章。

　　数字测图是高职高专测绘类专业如工程测量技术、测绘工程技术、摄影测量与遥感技术、矿山测量、测绘地理信息技术、地理国情监测技术等专业的专业核心课程,也是专业核心能力培养的最主要的课程之一,它包括理论教学、数字测图实训、数字绘图实训、综合实习四个重要教学环节。通过《数字测图》理论课程的学习,使学生掌握有关数字测图的基础知识;通过《数字测图实训》的数字测图实训、数字绘图实训、综合实习,培养其理论联系实际的能力、测绘软件的应用能力、运用所学理论与技能进行数字地形图测绘的能力,培养专业素质,提升其从业综合素养,为从事数字测图工作奠定基础。

　　本教材的编写,紧密结合高职高专培养目标,以实用为目的,以够用为原则,以培养学生操作仪器进行数字测图的基础能力、测绘软件应用的基础技能、数字地形图测绘的综合能力为出发点,以提高学生发现问题、解决问题的能力为目标,力争做到课程标准与职业标准的对接;本教材按数字测图工作过程,选取了五项数字测图和五项数字绘图中的典型工作任务,教学过程中可采用项目教学法、现场教学法、案例教学法等多种教学方法,做到教学过程与生产过程的对接。总之,本教材适应现阶段专科高等职业教育的需要,满足高职高专院校的教学要求。

　　本教材编写由栾玉平任主编,由张博统审全书。

　　第1章"数字测图实训"、第2章"数字绘图实训"与理论教学同时完成;第3章"数字测图综合实习"以四周综合实习完成。

　　本教材在编写过程中,参阅了大量文献(包括纸质版文献和电子版文献),引用了同类书刊中的一些资料。在此,谨向有关作者表示感谢!

　　限于编者的水平,书中难免存在不妥和遗漏之处,恳请读者批评指正。

目 录

第1章 数字测图实训 ·· 1
  §1.1 全站仪的认识和使用 ·· 1
  §1.2 全站仪图根控制测量 ·· 6
  §1.3 全站仪碎部点数据采集 ·· 9
  §1.4 GNSS-RTK 的认识和使用 ·· 13
  §1.5 GNSS-RTK 碎部点数据采集 ·· 16

第2章 数字绘图实训 ·· 20
  §2.1 坐标定位法绘制平面图 ·· 20
  §2.2 地形图的注记与编辑 ·· 23
  §2.3 等高线的绘制 ··· 26
  §2.4 地形图的分幅与整饰 ·· 30
  §2.5 断面图的绘制 ··· 35

第3章 数字测图综合实习 ··· 40
  §3.1 数字测图综合实习任务书 ··· 40
  §3.2 数字测图实习指导书 ··· 44

附录一 1∶500 地形图测绘技术设计书 ··· 53

附录二 棋盘山水库大坝变形监测控制网、库区地形图测量技术总结 ············ 59

参考文献 ··· 67

第 1 章 数字测图实训

§1.1 全站仪的认识和使用

1.1.1 实训目的及意义

(1)了解全站仪的构造和性能,熟悉全站仪各个部件的作用。
(2)掌握全站仪的角度测量、距离测量、高差测量等使用方法。

1.1.2 实训安排及要求

(1)实训时数为 2 学时。每小组由 4~5 人组成,每人轮流操作。
(2)完成 1 个水平角、2 个边长、2 个高差、2 点坐标的观测。

1.1.3 实训仪器及工具

每小组的实训仪器和工具有:全站仪 1 台,反光棱镜 1 组,小卷尺 1 个及记录计算用具等。

1.1.4 实训方法及步骤

1. 全站仪的认识

全站仪由电子测角系统、电子测距系统、数据存储系统、数据处理系统等部分组成。它可直接测量出仪器至瞄准目标之间的距离和角度,并利用数据存储系统进行数据的存储、管理和计算,并将结果显示在显示屏上。

全站仪型号多种多样,不同型号的全站仪外形、体积、重量、性能有较大差异,但它们都是由电源、望远镜、基座、度盘、键盘、水准器、显示屏等部件所组成。如图 1-1 所示为拓普康 GPT-2000 型全站仪。

全站仪的基本测量功能主要有三种模式:角度测量模式、距离测量模式、坐标测量模式。另外有些全站仪还具有一些特殊的测量功能,能进行各种专业测量工作,测量的过程主要通过操作键盘完成。

与全站仪配套使用的是棱镜,通常有单棱镜、三棱镜。目前大部分的全站仪都具有免棱镜功能,同时部分仪器具有激光对中和激光指向功能。

2. 全站仪的使用

在实训场地上选择三个点:一点作为测站,安置全站仪;另两个点作为置镜点,安置棱镜。

1)安置仪器

(1)在测站点安置全站仪,对中整平。量取全站仪高,精确至毫米。
(2)在目标点安置棱镜,对中整平,使棱镜对准测站方向。量取棱镜高,精确至毫米。

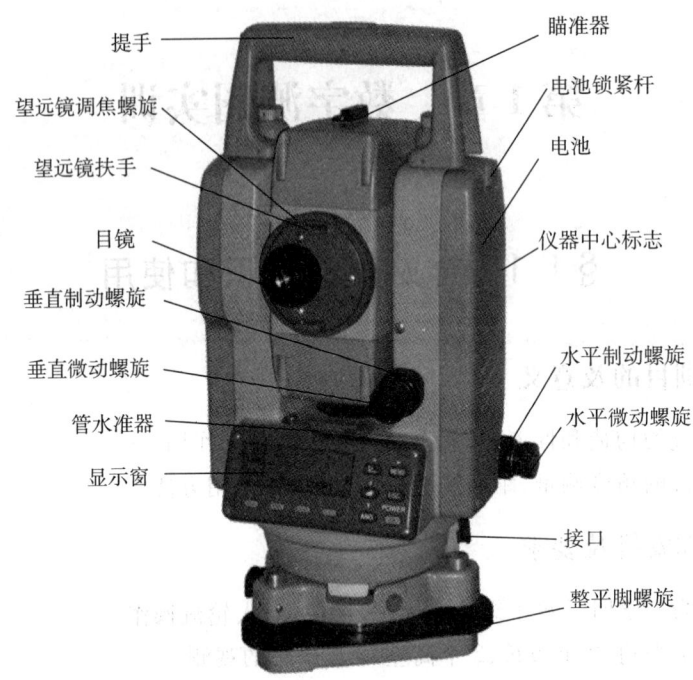

照准部、基座和度盘三大部件

图 1-1　拓普康 GPT-2000 型全站仪

2）开机检测

打开电源，检测电源电压，看是否满足测距要求。同时检查全站仪其他部件。

3）仪器设置

首先对全站仪进行设置，包括以下几方面：

(1) 设定距离单位为 m。

(2) 设定角度单位为六十进制度，设定角度最小显示值为 1″。

(3) 设定气温单位为℃，设定气压单位与所用气压计的单位一致。

(4) 输入全站仪的棱镜加常数（棱镜常数由仪器检定得到），其次对显示格式进行设置，包括以下两方面：①设定显示格式一的内容为 HR、V、⊿、⊿。②设定显示格式二的内容为 ⊿、E、N、H。

4）参数设置

输入温度、气压、棱镜常数等。

5）角度测量

瞄准左目标，在角度测量模式下，按[置零]键，使水平角显示为零，同时读取左目标竖盘读数；瞄准右目标，读取水平角及竖直角读数。

6）距离测量

在距离测量模式下，照准目标后，按相应[测距]键，即可显示斜距、平距。

7）高差测量

高差测量是在测距的同时，由斜距、平距、高差交替显示。

8）全站仪三要素测量

使用全站仪进行如下操作，并将结果填入表 1-1 中。

(1)全站仪盘左照准左侧棱镜中心,在角度测量模式下置零,进入距离测量模式测距,记录水平距离和高差,回到测角模式。

(2)全站仪盘左照准右侧棱镜中心,记录水平度盘读数;进入距离测量模式测距,记录水平距离和高差,回到测角模式。

(3)全站仪盘右照准右侧棱镜中心,记录水平度盘读数;进入距离测量模式测距,记录水平距离和高差,回到测角模式。

(4)全站仪盘右照准左侧棱镜中心,记录水平度盘读数;进入距离测量模式测距,记录水平距离和高差,回到测角模式。

表 1-1 全站仪三要素测量记录手簿

日期_____ 小组_____ 仪器号_____

测站	测点	盘位	度盘读数	半测回角	一测回角	仪器高 棱镜高	水平距离	平均距离	高差	地面高差	平均高差
		左									
		右									
		左									
		右									
		左									
		右									
		左									
		右									

1.1.5 实训注意事项

(1)在指导教师演示后进行操作,严禁将照准镜头对向太阳或其他强光。

(2)拆装电源时,必须关闭电源开关,测量工作完成后应注意关机。

(3)有些全站仪开机后要求望远镜绕横轴转动几圈,才可进入开机界面。

(4)全站仪开机界面通常设置为测角界面,测距结束后应及时切回测角界面。

1.1.6 知识检验

(1)说明图 1-2 中全站仪上 1～14 所示部件名称。

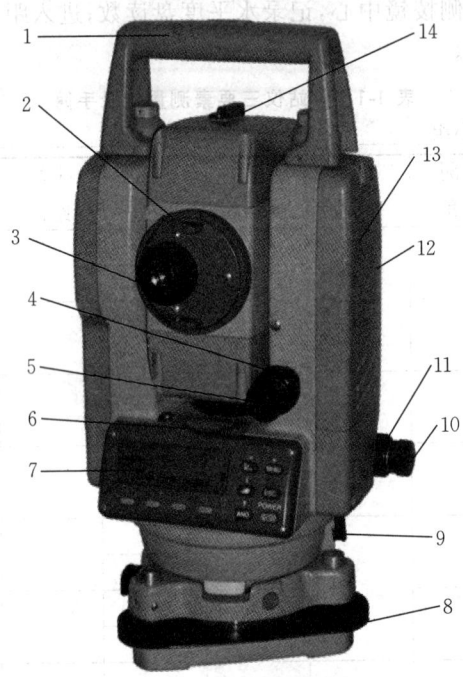

图 1-2 全站仪构造部件

(2)图1-3为GPT-2000全站仪屏幕及键盘,说明1~7键的名称及作用。

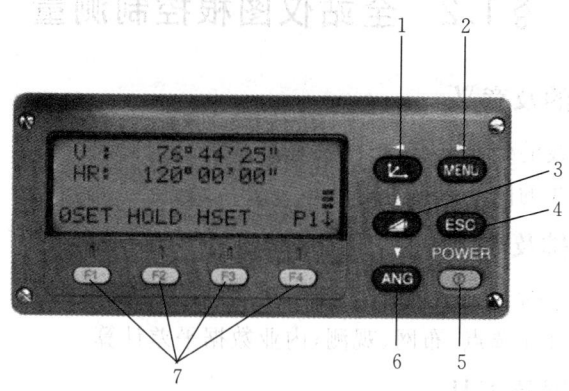

图1-3 GPT-2000全站仪屏幕及键盘

(3)显示屏幕上通常出现一些符号,说明以下符号表示的含义:
V、HR、SD、HD、VD、0SET、HOLD、R/L、P1

§1.2 全站仪图根控制测量

1.2.1 实训目的及意义
(1)掌握全站仪导线的外业选点、布网及观测方法。
(2)掌握全站仪导线的内业数据平差计算方法。

1.2.2 实训安排及要求
(1)实训时数为2学时。每小组由4～5人组成,每人轮流操作。
(2)全站仪导线的外业选点、布网、观测,内业数据平差计算。

1.2.3 实训仪器及工具
全站仪、三脚架、棱镜组、记录本、平差软件。

1.2.4 实训方法及步骤

1. 导线外业选点布网方法

外业导线可根据需要布设成如下形式:如图1-4(a)所示为附合导线、(b)所示为闭合导线、(c)所示为支导线、(d)所示为导线网。导线点数目一般为4～6个。

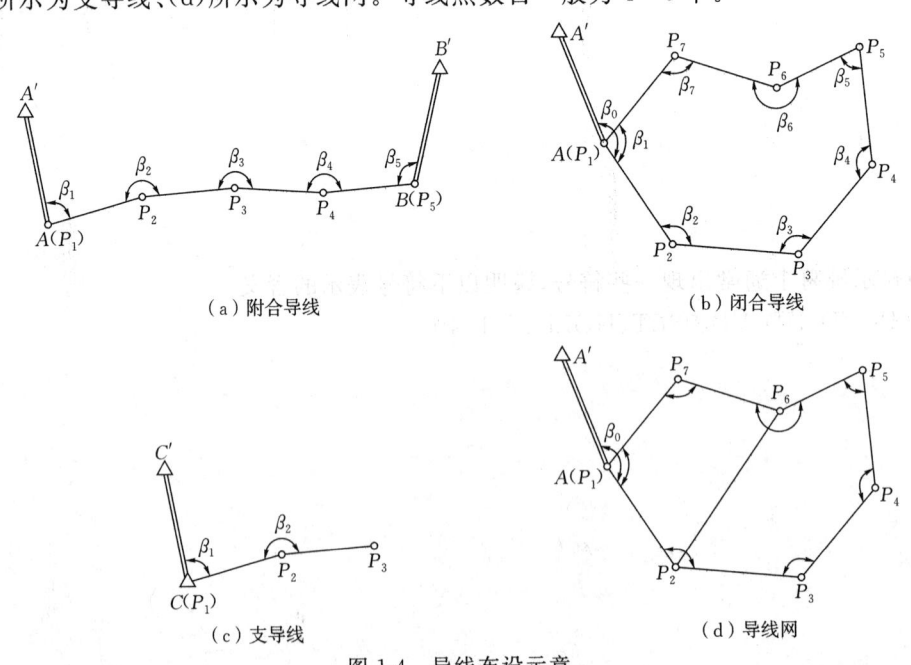

图1-4 导线布设示意

2. 导线测量

1)测边

导线的边长采用全站仪双向施测,每个单向施测一测回,即盘左盘右分别进行观测,读数较差和往返测较差均不宜超过20 mm。测边应进行气象改正。

2)测角

水平角施测一测回,测角中误差不宜超过20″。

3) 高程测量

每边的高差采用全站仪往返观测,每个单向施测一测回,即盘左盘右分别进行观测,盘左盘右和往返测高差较差均不宜超过 $0.02D$。D 为边长,300 m 以内按 300 m 计算。

4) 精度要求

全站仪导线测量角度闭合差不大于 $\pm 60''\sqrt{n}$(n 为测站数),导线相对闭合差不大于 1/2 500,高差闭合差不大于 $\pm 40\sqrt{D}$ mm(D 为边长,取单位为 km 的数值)。

使用全站仪按照测回法或方向观测法测量导线的转折角和边长,若采用两测回观测,通常左角和右角各测一个测回。将测得数据填入表 1-2 中。

表 1-2 导线外业观测记录手簿

测站	目标	盘位	水平盘读数 /(° ′ ″)	半测回角值 /(° ′ ″)	一测回角值 /(° ′ ″)	测回平均值 /(° ′ ″)	平距 /m	备注
		左						测站仪器高 $i=$
		右						后视棱镜高 $v_1=$
		左						前视棱镜高 $v_2=$
		右						至后视点平距 =
								至前视点平距 =
		左						测站仪器高 $i=$
		右						后视棱镜高 $v_1=$
		左						前视棱镜高 $v_2=$
		右						至后视点平距 =
								至前视点平距 =
		左						测站仪器高 $i=$
		右						后视棱镜高 $v_1=$
		左						前视棱镜高 $v_2=$
		右						至后视点平距 =
								至前视点平距 =
		左						测站仪器高 $i=$
		右						后视棱镜高 $v_1=$
		左						前视棱镜高 $v_2=$
		右						至后视点平距 =
								至前视点平距 =

3. 控制网平差数据处理

使用平差软件进行控制网数据处理,如使用南方测绘平差易软件(PA 系列)进行平差。如图 1-5 所示,属性为 10 的点是已知点,属性为 00 的点是待定点。

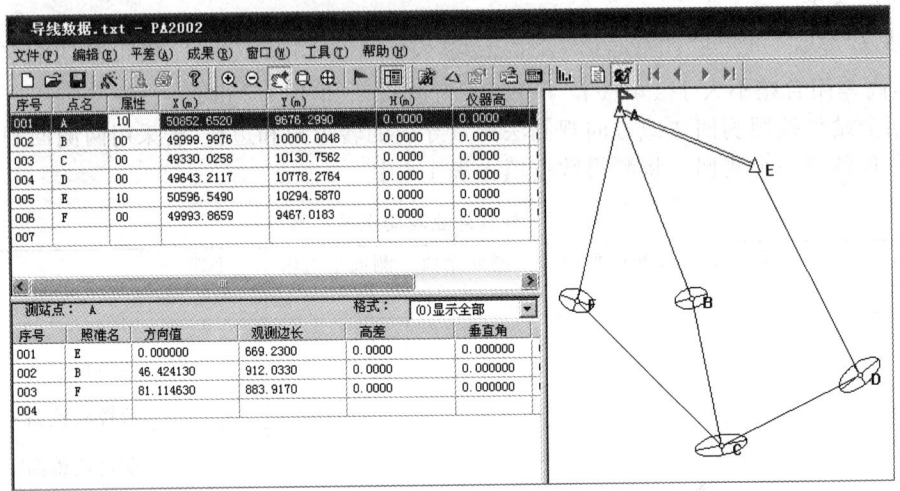

图 1-5　导线网平差实例

1.2.5　实训注意事项

(1)导线起算数据由指导教师给定。

(2)用平差易软件进行导线网平差时应注意方向值的输入顺序。

1.2.6　知识检验

(1)导线有哪几种布设形式?

(2)导线外业观测项目有哪些?

(3)导线测量有哪些精度要求?

§1.3 全站仪碎部点数据采集

1.3.1 实训目的及意义

(1)掌握利用全站仪进行碎部点数据采集的测站设置、后视定向和定向检查。
(2)掌握利用全站仪进行碎部点数据采集的碎部测量、数据存储和数据传输。

1.3.2 实训安排及要求

(1)实训时数为 2 学时。每小组由 4~5 人组成,每人轮流操作。
(2)完成一定范围内的地形图数据采集工作。

1.3.3 实训仪器及工具

每小组的实训仪器和工具有:全站仪 1 台,反光棱镜 1 组,钢钎 1 个,以及草图记录纸和铅笔等。

1.3.4 实训方法及步骤

1. 全站仪碎部点数据采集操作流程

(1)安置仪器:在测站点上安置仪器,包括对中和整平。对中误差控制在 3 mm 内。
(2)建立或选择工作文件:工作文件是存储当前测量数据的文件,文件名要简洁、易懂,便于区分不同时间或地点的数据,一般可用测量时的日期作为工作文件的文件名。
(3)测站设置:如果仪器中有测站点坐标,可通过从文件中选择测站点点号来设置测站。如果仪器中没有测站点,则需手工输入测站点坐标来设置测站。
(4)后视定向:可以从仪器中调入或手工输入后视点坐标,也可直接输入后视方位角,然后照准后视点,按[确认]键进行定向。
(5)定向检查:定向检查是碎部点采集之前的重要工作,特别是对于初学者。在定向工作完成之后,再找一个控制点立棱镜,将测出来的坐标和已知坐标比较,通常 X、Y 坐标差均应在 1 cm 内。通常要求在每一测站开始观测和结束观测时均做定向检查,确保数据无误。
(6)碎部测量:定向检查结束后,可进行碎部测量。采集碎部点前先输入点号,碎部测量可采用草图法和编码法两种方法。草图法需要外业绘制草图,内业按照草图成图;编码法需要对各个碎部点输入编码,内业通过简码识别自动成图。

2. 拓普康 GPT-2000 系列全站仪碎部点数据采集的操作步骤

(1)按[MENU]键进入程序界面。
(2)按[F1]键进入数据采集程序。
(3)新建文件或选择一个已有文件。
(4)进入数据采集(1/2)界面,进行数据采集设置。
①按[F1](测站点输入)键进入测站点设置界面,输入测站点点号、坐标及仪器高;②按[F2](后视)键进入后视方向设定界面,通过输入后视点的点号及坐标进行后视定向,之后瞄准目标,通过测量后视点坐标来检查后视点并完成后视定向,返回数据采集界面;③按[F3]

（侧视/前视）键进入碎部测量界面。

（5）采集数据：在碎部测量界面，输入测点点号、镜高、瞄准目标，按[F3]（测量）键观测，等待屏幕上显示观测结果，结果正确，按[F3]（是）键，保存观测数据（测点 X,Y,Z），并返回碎部测量界面。重复本过程，完成本测站上其他碎部点的观测和记录。

（6）在各个细部点上立棱镜，完成数据采集工作，返回初始界面并关机。

3. 科力达 KTS-452L 全站仪碎部点数据采集的操作步骤

（1）按[内存]键，新建文件或选择一个已有文件。

（2）按[MENU]（菜单）键进入"菜单"界面。

（3）选取"1.坐标测量"，进入"坐标测量"界面。

（4）选取"2.设置测站"，按[OK]键（或直接按数字键 2），输入测站数据，包括：N0、E0、Z0（测站点坐标）、仪器高、目标高。每输入一数据项后按[OK]键，若按[记录]键，则记录测站数据，再按[OK]键，将测站数据存入工作文件。按[OK]键，结束测站数据输入操作，返回"坐标测量"界面。

（5）选取"3.设置后视"，进入"记录后视"界面，选取"2.坐标定后视"，输入后视点坐标，按[OK]键，屏幕显示后视方位角，照准后视点，按[是]键，结束方位角设置返回"坐标测量"界面。

（6）精确照准目标棱镜中心后，在"坐标测量"界面下选择"1.坐标测量"后按[观测]键开始测量，测量完毕屏幕显示目标点的坐标值，以及到目标点的距离、垂直角和水平角，按[记录]键，输入目标点点号、编码、天线高等信息。

（7）在各个细部点上立棱镜，重复以上操作，完成本测站数据采集工作，返回初始界面并关机。

4. 全站仪数据传输

1）全站仪操作（GPT-2000 系列仪器）

（1）连接数据线。

（2）全站仪开机。

（3）按[MENU]键进入程序菜单。

（4）按[F3]键进入存储管理界面。

（5）按[F4]键两次进入存储管理（3/3）界面。

（6）按[F1]（数据通信）键进入数据传输界面。

（7）按[F3]键进行通信参数设置。

（8）按[F1]键发送数据。

（9）按[F1]—[F3]键选择发送数据类型。

（10）选择发送文件。

2）计算机操作

（1）计算机开机，进入 CASS 绘图界面。

（2）选择"数据"下拉菜单中"读取全站仪数据"菜单项。

（3）计算机通信参数设定。

（4）输入传输数据文件名。

（5）点击[转换]。

（6）在计算机上回车。

(7)在全站仪上回车,开始传输数据。

1.3.5 实训注意事项

(1)在指导教师演示后进行操作。
(2)测量工作完成后应关机。
(3)注意及时绘制草图,如图1-6所示。

1.3.6 知识检验

(1)简述使用拓普康GPT-2000系列全站仪进行碎部点数据采集的操作步骤。

(2)简述使用科力达KTS-452L全站仪进行碎部点数据采集的操作步骤。

(3)简述全站仪数据传输的基本过程。

野外观测草图

项目名称：　　　　　　　项目地点：　　　　　　　使用仪器：
观 测 者：　　　　　　　绘 图 者：　　　　　　　测图日期：

草　图
北↑

图 1-6　观测草图

§1.4 GNSS-RTK 的认识和使用

1.4.1 实训目的及意义

(1)熟悉 GNSS-RTK 的基本构造及主要功能。
(2)掌握 GNSS-RTK 各部件名称及使用方法。

1.4.2 实训安排及要求

(1)实训时数为 2 学时。每小组由 4~5 人组成,每人轮流操作。
(2)完成 GNSS-RTK 的初步认识和各项基本设置工作。

1.4.3 实训仪器及工具

GNSS-RTK 基准站及移动站各 1 台,三脚架 1 个,碳素跟踪杆 1 根,移动站手簿 1 个。

1.4.4 实训方法及步骤

1. 南方灵锐 S86 主机认识

(1)S86 正面板,如图 1-7 所示。

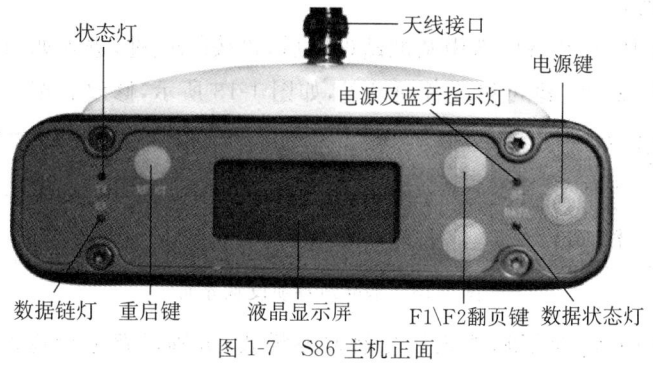

图 1-7 S86 主机正面

(2)S86 背面板,如图 1-8 所示。

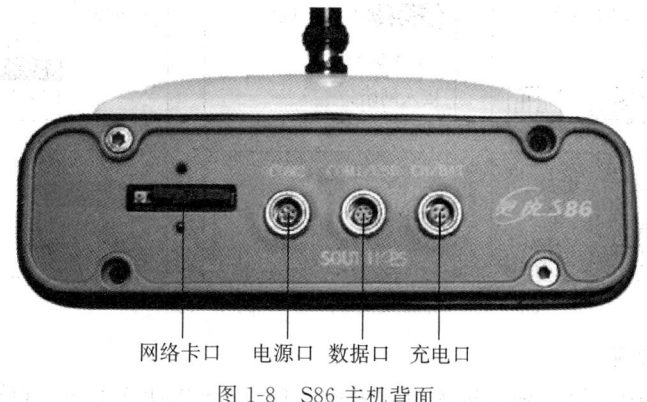

图 1-8 S86 主机背面

2. 南方灵锐 S86 主机设置

1) S86 设置界面

按[⏻]键开机进入如图 1-9 所示界面,再按[F2]键进入如图 1-10 所示界面,再按[⏻]键进入如图 1-11 所示的模式选择界面。图 1-12 中的四个图标意义分别为:静态模式、基准站模式、移动站模式、返回。

图 1-9 开机进入界面

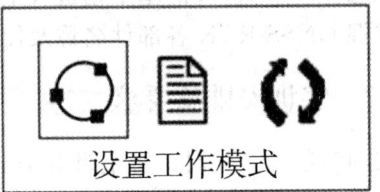

图 1-10 设置工作模式界面

图 1-11 模式选择界面

图 1-12 基准站设置界面

2) S86 基准站设置

在图 1-11 界面中按[F2]键,选中基准站设置后,再按[⏻]键,进入如图 1-12 所示界面,按[F2]键选中修改,再按[⏻]键可修改各项设置,如图 1-13 所示,修改后按[⏻]键确定。

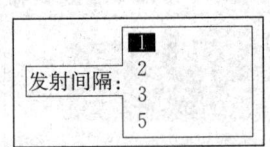
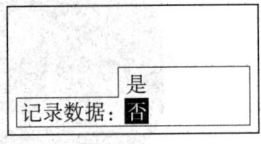

图 1-13 基准站各项设置界面

在图 1-12 界面中按[⏻]键,进入数据链修改模式,分别设置电台通道或 GPRS 网络,如图 1-14 所示。

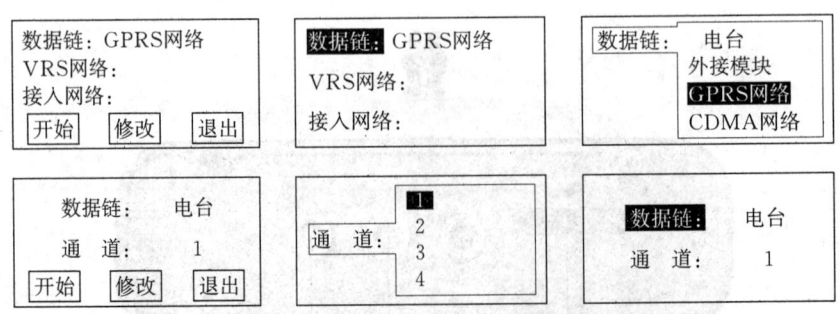

图 1-14 电台通道或 GPRS 网络设置界面

3) S86 移动站设置

在图 1-11 界面中选第三项后进入设置界面,可以设置移动站电台、网络及通道,使其与基准站设置一致,操作界面如图 1-14 所示。

1.4.5 实训注意事项

(1)在指导教师演示后进行操作。
(2)测量工作完成后应注意关机。

1.4.6 知识检验

(1)简述 GNSS-RTK 的基本组成。

(2)简述 RTK 技术的测量原理。

(3)RTK 技术具有哪些优点?

§1.5 GNSS-RTK 碎部点数据采集

1.5.1 实训目的及意义

(1)熟悉 GNSS-RTK 的构造、功能及使用方法。
(2)掌握 GNSS-RTK 参数解算、点校正、碎部点数据采集等方法。

1.5.2 实训安排及要求

(1)实训时数为 2 学时。每小组由 4～5 人组成,每人轮流操作。
(2)完成仪器安置、点校正,采集若干个点并绘制草图。

1.5.3 实训仪器及工具

每小组的实训仪器和工具有:GNSS-RTK 基准站和移动站各 1 台,三脚架 1 个,碳素跟踪杆 1 根,草图纸若干。

1.5.4 实训方法及步骤

1. 基准站设置

1)基准站安置

(1)在基准站架设点上安置脚架和基座,再将基准站主机用连接器安置于基座之上,对中整平(如架在未知点上,则整平即可)。基准站架设点可以架在已知点或未知点上,这两种架法都可以使用,但在校正参数时操作步骤有所差异。

(2)安置发射天线和电台,将发射天线用连接器安置在另一脚架上,将电台挂在脚架的一侧,用发射天线电缆接在电台上,再用电源电缆将主机、电台和蓄电池接好,注意电源的正负极正确(红正黑负)。如用内置电台则不需要此步操作。

2)主机操作

(1)打开主机。按[电源]键打开主机,主机开始自动初始化和搜索卫星,当卫星数大于 5 颗,PDOP 值小于 3 时,按[启动]键启动基准站。如用内置电台,则主机上的 TX 灯开始每秒闪 1 次,表明基准站开始正常工作。如用外挂大电台,则电台上的 TX 灯开始每秒闪 1 次,表明基准站开始正常工作。

(2)打开电台(如用内置电台则不需要此步骤)。在打开主机后,可以轻按电台上的[ON/OFF]键打开电台。

2. 移动站设置

1)移动站安置

将移动站主机接在碳纤维对中杆上,并将接收天线接在主机顶部,同时使用托架将手簿夹在对中杆的合适位置上。

2)主机与手簿操作

(1)打开主机。轻按[电源]键打开主机,主机开始自动初始化和搜索卫星,当达到一定的条件后,主机上的 RX 指示灯开始每秒闪 1 次(必须在基准站正常发射差分信号的前提下),表明已经收到基准站差分信号。

（2）打开手簿。按住[ENTER/ON]键至少1秒，即可打开。

3．工程之星软件操作

（1）启动工程之星软件。用光笔双击手簿桌面上"工程之星"，即可启动。工程之星快捷方式一般在手簿的桌面上，如手簿冷启动后桌面上的快捷方式消失，这时必须在 Flashdisk 中启动原文件（我的设备→Flashdisk→SETUP→ERTKPro2.0.exe）。

（2）启动软件后，软件一般会自动通过蓝牙和主机连通。如果没连通则需要设置蓝牙（设置→连接仪器→选中"输入端口：0"→点击[连接]）。

（3）软件在与主机连通后，软件首先会让移动站主机自动匹配基准站发射时使用的通道。如果自动搜频成功，则软件主界面左上角会有差分信号在闪动，并在左上角显示数字，与电台上数字一致。如果自动搜频不成功，则需要进行电台设置（设置→电台设置→在"切换通道号"后，选择与基准站电台相同的通道→点击[切换]）。

（4）在确保蓝牙连通和收到差分信号后，开始新建工程（工程→新建工程），选择向导，依次按要求填写或选取如下工程信息：工程名称、椭球系名称、投影参数设置、四参数设置（未启用可以不填写）、七参数设置（未启用可以不填写）和高程拟合参数设置（未启用可以不填写），最后点击[确定]，工程新建完毕。

（5）进行校正。校正有两种方法，具体如下。

方法一：利用控制点坐标库求四参数（设置→控制点坐标库）。

在校正之前，首先必须采集控制点坐标，一般大于两个以上控制点（采集数据的方法见后文叙述的数据采集部分）。采集完成后在控制点坐标库界面中点击[增加]，根据提示依次增加控制点的已知坐标，然后点击[OK]，继续增加原始坐标，选择第一项"从坐标管理库选点"，然后点击左下角的[导入]，选择当前工程名下的 DATA 文件夹里后缀为".RTK"的文件，选择对应点，然后点击[OK]确定。用同样的方法增加其他控制点，当所有的控制点都输入并且察看确定无误后，点击[保存]，选择参数文件的保存路径并输入文件名。建议将参数文件保存在当前工程下文件名为"result"的文件夹中，保存的文件名称以当天的日期命名。完成之后点击[确定]。然后点击"保存成功"小界面右上角的[OK]，四参数此时计算并保存完毕。

说明：在得到四参数后，一定要查看四参数中的比例因子 K。一般 K 的范围保证在 0.9999～1.0000，这样才能确保采集精度（设置→测量参数→四参数）。

方法二：校正向导（工具→校正向导），这时又分为两种模式。

注意：此方法只能进行单点校正，一般是在有四参数或七参数的情况下才通过此方法进行校正。也就是说，在同一个测区，第一次测量时已经求出了四参数，下次继续在这个测区测量时，必须先输入第一次求出的四参数，再做一次单点校正。此方法还可适用于自定义坐标的情况。

A．基准站架设在已知点上

选择"基准站架设在已知点"，点击[下一步]，输入基准站架设点的已知坐标及天线高，并且选择天线高形式，输入完后即可点击[校正]。系统会提示是否校正，并且显示相关帮助信息，检查无误后点击[确定]校正完毕。

说明：此处天线高为基准站主机天线高，形式一般为斜高，只能通过卷尺来测量。

B. 基准站架设在未知点上

选择"基准站架设在未知点",点击[下一步],输入当前移动站的已知坐标、天线高及其量取方式,再将移动站对中立于已知点上后点击[校正],系统会提示是否校正,点击[确定]即可。

说明:此处天线高为移动站主机天线高,形式一般为杆高,为固定值 2。

注意:如果软件界面上的当前状态不是"固定解"时,会弹出提示,这时应该选择[否]来终止校正,等精度状态达到"固定解"时重复上面的过程重新进行校正。

4. 数据采集

点校正完毕之后,就可以进行数据采集。将对中杆对立在需测的点上,当软件界面的状态达到"固定解"时,利用快捷键[A]开始保存数据。此时需要输入点名和天线高。按[B]键两次可以查看本工程所采集的所有测量点坐标。

实时动态测量数据传输使用专门的传输软件,大部分 RTK 设备使用的是 Microsoft 公司的移动设备同步连接软件 ActiveSync,此软件可以在网上免费下载。下面以南方测绘灵锐 S82 仪器为例说明,具体操作步骤如下。

(1)首先在计算机上正确安装本软件。

(2)用传输电缆线连接 RTK 手簿和计算机,打开如图 1-15 所示的传输软件。

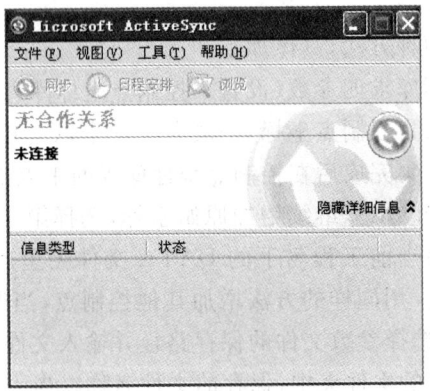

图 1-15　RTK 数据传输界面

(3)在 RTK 手簿里将外业观测的 RTK 文件转换为 CASS 软件适用的数据格式。

(4)在连接设置里选择第三个复选框,通常选择连接到 COM1 端口,如图 1-16 所示。

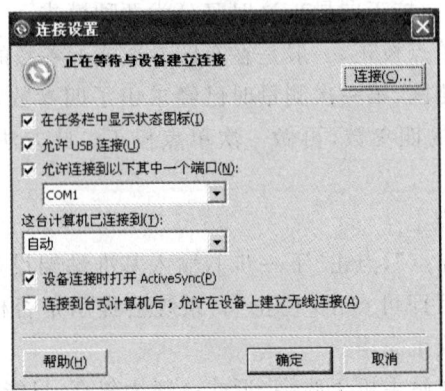

图 1-16　RTK 连接设置

(5) 在 RTK 手簿桌面上选择连接计算机,软件就会打开 RTK 手簿的内存。

(6) 在 RTK 手簿的内存中,选择数据文件存储路径,将已转换完成的文件拷贝到指定位置保存。

1.5.5　实训注意事项

(1) 使用外接电池的仪器应注意电池的正负极正确连接。在雷雨多发的季节使用 RTK 时应注意防雷防电。RTK 的主机和手簿的电池都应使用专用充电器充电。

(2) 主机和电台上的接口都是唯一的,在接线时必须红点对红点,拔出连线接头时一定要捏紧线头部位,不可直接握住连线强行拔出,以免损坏连线。

(3) 为了让主机能搜索到数量多和质量高的卫星,同时使差分信号传得更远,基准站一般应选在视野开阔、地势较高的位置,避免截止高度角 15°以上有大型建筑物。

(4) 基准站附近应避免各种干扰源,如高压线、变压器和发射塔等,也不要有大面积水域及大面积的玻璃幕墙等,以减小各种误差影响。

1.5.6　知识检验

(1) 简述如何使用 GNSS-RTK 进行点校正工作。

(2) 简述如何使用工程之星软件解算四参数。

扫码查看知识检验答案

第 2 章　数字绘图实训

§2.1　坐标定位法绘制平面图

2.1.1　实训目的及意义

(1)掌握野外数据采集过程中草图的绘制要求、方法及技巧。
(2)掌握如何使用坐标定位法绘制平面图。

2.1.2　实训安排及要求

(1)实训时数为 2 学时。
(2)依据外业测得的坐标数据文件和外业绘制的草图,使用坐标定位法绘制地形图。

2.1.3　实训仪器及工具

每人 1 台计算机,计算机上安装有 CAD 和 CASS 软件。

2.1.4　实训方法及步骤

1. 草图的绘制方法及要求

草图是野外数字测图的第一手资料,务必认真绘制并妥善保存,供内业绘图和日后图形数据维护使用,要求草图绘制必须格式统一、整齐美观、布局合理,有如下要求。

(1)纸张大小:A7 或 B5 白纸,同等大小硬质本夹或垫板,便于携带和绘图。
(2)画图用笔:黑色水性笔或签字笔,0.3～0.5 mm;圆珠笔易褪色,最好不用。
(3)准备工作:写清测图项目名称、测图地点、测图日期、绘图者,标明指北符号。
(4)图面布局:不宜过疏或过密,以能看清楚并方便内业绘图为宜。草图员应先站在测区的制高点上,观察测区主要地物地貌,以便合理安排草图绘制范围和大小,使图形清晰美观,比例协调。

2. 用坐标定位法绘制平面图

(1)定显示区:在展点之前进行定显示区的操作。
(2)展野外测点点号:将坐标数据文件展绘到屏幕界面上。
(3)选择坐标定位法:移动鼠标至屏幕右侧菜单区的"坐标定位/点号定位"项,选择"坐标定位"项。
(4)绘平面图:根据外业草图,选择相应的地图图式符号在屏幕上将平面图绘制出来。

3. 根据屏幕右侧菜单和地形图图式,练习各种符号的绘制方法

(1)熟悉 CASS 软件中的屏幕右侧菜单内容。
(2)点状地物的绘制方法。

(3)线状地物的绘制方法。

(4)面状地物的绘制方法。

4. 地形图绘制过程中的一些常用技巧和方法

1)从屏幕上密集的点中快速找到某个点

输入 FIND 命令,在弹出的对话框中"查找字符串"文本框中输入要查找的点号,点击[查找],再点击[缩放为],则该点会出现在屏幕的中间位置。

2)在 CASS 软件中批量选取目标

(1)用鼠标框选。鼠标左键框选结果为所有被选择框完全选中的目标,鼠标右键框选结果为所有被鼠标选中包括部分选中的目标。该方法的缺点为屏幕上符号很多且种类不一致时,难以选取某一类或其中的一部分地物。该方法常用在需要选择屏幕上所有的目标的情况下。

(2)用分层选取。CASS 软件将各类符号划分在不同的图层上,要选择一个或几个图层上的内容,可以将其他层全部关闭或锁定。该方法的优点是可以快速地按图层选择需要的目标。

(3)使用 CASS 软件中"编辑"菜单下的"批量选目标"子菜单,系统会提供"块名/颜色/实体/图层/线形/选取"等多种选择方式,可以根据要选择实体的特征,批量选择某一种类的所有目标。该方法的优点是可以在复杂图层中选择一类具有某一特征的目标物,而不需要关闭图层。

(4)使用 QSELECT 命令,如图 2-1 所示,依据系统提供的选择条件构造选择集,可以进行各种特定要求的目标选择。

3)根据屏幕上点的密集程度调节展点号的字号

当屏幕上点的密度非常大时,如果点号过大就会看不清楚,反之点位密度较小时,可使点号大一些。展点号层最后要关闭或删除,所以可以根据自己的需要调节点号大小,可用如下方法。

(1)展点之前,选择"文件"菜单下的"CASS 参数设置"子菜单,再设置展点号字高。

(2)若点已经展完,但还没有绘制其他图形,则可以用鼠标直接选中所有点号,再点击[对象特性]命令按钮,在弹出的属性对话框中,选择"文字",再改变"字高"。

(3)若点已经展完,并且图面上已经绘制了很多其他的图形,则可以使用"编辑"菜单下的"批量选目标"子菜单,再选择"选取",用鼠标单击任一个展完的点号,则可选中所有展点号,再改变字高。

(4)若点已经展完,并且图面上已经绘制了很多其他的图形,可在"图层特性管理器"对话框中,关闭其他所有图层,仅打开 ZDH 图层,然后用鼠标左键将所有点号选中,再改变字高。

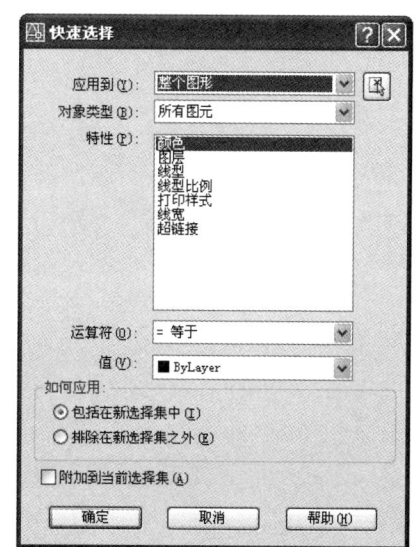

图 2-1 快速选择对话框

2.1.5 实训注意事项

(1)当房子是不规则的图形时,可用"实线多点房屋"或"虚线多点房屋"绘制。

(2)绘制房子时,输入的点号必须按顺时针或逆时针的顺序输入,否则绘制出来的房子就不正确。

(3)在坐标定位的过程中可以按[P]键切换到点号定位,再次按[P]键即可切换回来。

(4)线状地物绘制过程中有时系统会提示是否拟合,拟合的作用是对复合线进行圆滑处理。

(5)斜坡、陡坎等地貌符号由实际测点连线和坎毛组成,坎毛生成在绘图方向的左侧,如果方向相反,采用"线型换向"改变方向。

2.1.6　知识检验

(1)围墙绘制过程中生成的具有宽度的围墙线位于骨架线的左侧还是右侧?

(2)CASS绘图过程中,使用鼠标左键和右键框选目标时的区别是什么?

§2.2 地形图的注记与编辑

2.2.1 实训目的及意义

(1)进一步熟悉地形图绘制的方法。
(2)掌握地形图注记与编辑的方法。

2.2.2 实训安排及要求

(1)实训时数为2学时。
(2)对前面实训中绘制的地形图进行注记和编辑。

2.2.3 实训仪器及工具

每人1台计算机,计算机上安装有CAD和CASS软件。

2.2.4 实训方法及步骤

1. 地形图的注记

一幅完整的地形图需要借助注记文字表达很多信息,地形图注记主要有以下几个方面。

(1)文字注记。如图2-2所示,可根据各种不同的排列方式进行文字注记,并将其放在各自相应的图层中。

(2)变换字体。如图2-3所示,可以根据所描述的地物的特点不同选择不同字体,如河流常用斜体字。

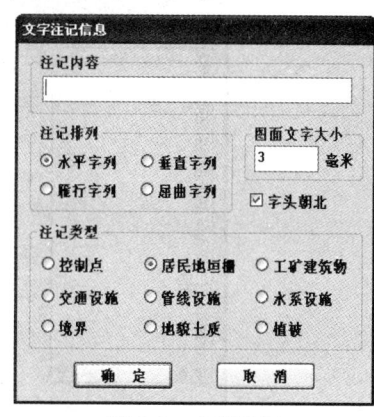

图 2-2　文字注记

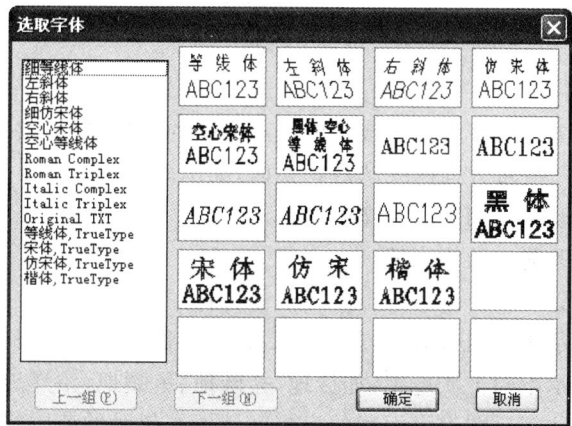

图 2-3　变换字体

(3)文字样式。如图2-4所示,可以对注记文字从样式、高度、效果、宽度比例、倾斜角度等方面编辑。

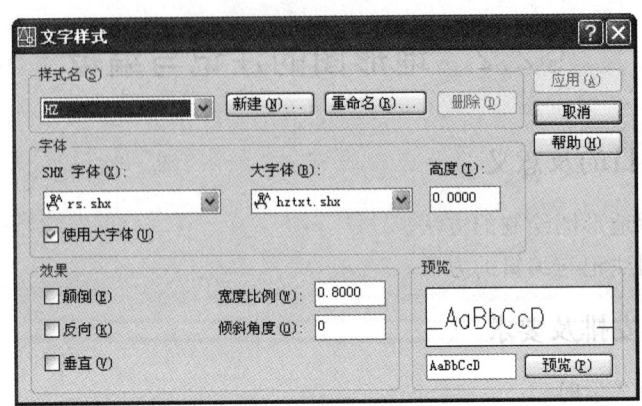

图 2-4　文字样式选择

(4)常用注记。如图 2-5 所示,可以选择常见的各种注记文字,如建筑物材质、作物种类、管线名称等。

图 2-5　常用注记文字选择

2. 地形图的编辑

1)线状地物的编辑

——重新生成:绘图过程中重新生成未能显示完整的符号,如坡坎的坎毛等。

——线型换向:将一些带方向的线状地物换向,如围墙、栅栏、陡坎等。

——修改墙宽:修改依比例围墙的宽度。

——修改坎高:修改陡坎的坎高值。

2)面状地物的填充

——植被填充:表示不同植被分布,如旱地、水田、菜地、林地、果园、草地等。

——土质填充:表示不同土质地貌,如沙地、盐碱地、龟裂地、沼泽地等。

——房屋填充:小比例尺图上大面积的房屋区用填充斜线的范围线表示。

——图案填充:可以根据需要将封闭的面状区域用某种图案填充以表示某类地物。

3)复合线处理

——批量拟合复合线(PLIND):有些呈折线状分布的线状地物需将其拟合成光滑的

曲线。

——批量闭合复合线(PLBIHE)：有些面状地物需要封闭起来，进行拓扑运算时应将其闭合。

——批量改变复合线宽(LINEWIDTH)：如将图上某个高程的等高线批量加宽。

——复合线上加点(POLYINS)：复合线上缺少顶点时可用此命令加点。

——复合线上删点(ERASEVERTEX)：复合线上有冗余点时可用此命令删点。

——移动复合线顶点(MOVEVERTEX)：如房角和围墙紧临，可将围墙复合线顶点移动到墙角处。

——相邻的复合线连接(POLYJOIN)：如一条较长的道路是分段绘制的，应该将其连成整体。

——分离的复合线连接(SEPAPOLYJOIN)：将一些未连接的复合线连成整体。

——直线转换成符合线(LINETOPOLINE)：如本应绘成PLINE的线被绘成LINE，可转成多义线。

4) 其他编辑方法

——批量删减(PLSJ)：包括窗口删减(CKSJ)和依据指定多边形删减(PLSJ)。

——批量剪切(PLJQ)：包括窗口剪切(CKJQ)和依据指定多边形剪切(PLJQ)。

——局部存盘(SAVET)：将整幅图中的一部分保存为一幅新图。

——特性匹配(MATCHPROP)：即格式刷，包括单个刷(SINGLEBRUSH)和批量刷(BATCHBRUSH)。

——地物打散：包括打散独立的图块(EXPLODEBLOCK)或者打散复杂的线型(EXPLODELINE)。

2.2.5　实训注意事项

编辑地形图时应注意及时保存和重复备份。

2.2.6　知识检验

(1) 通过上机实训说明"批量删减"和"批量剪切"的不同之处。

(2) 简述复合线上加点应如何操作。

§2.3 等高线的绘制

2.3.1 实训目的及意义

(1)了解等高线绘制的基本原理。
(2)掌握等高线绘制的基本方法。

2.3.2 实训安排及要求

(1)实训时数为2学时。
(2)将外业测量过程中得到的数据文件生成为等高线。
(3)对生成的等高线进行必要的修饰、编辑和处理。

2.3.3 实训仪器及工具

每人1台计算机,计算机上安装有CAD和CASS软件。

2.3.4 实训方法及步骤

1. 展点号及高程

在绘制三角网和等高线之前确保展点号和高程点已经正确展入。

2. 数字地面模型(DTM)的建立

选择"等高线"菜单下的"建立DTM"子菜单,系统弹出如图2-6所示的对话框,可以选择"由数据文件生成"或"由图面高程点生成",选择坐标数据文件或直接在图面上框选高程点。在构建三角网的过程中,系统可以提供三种建网结果:显示建三角网结果、显示建三角网过程、不显示三角网。

图2-6 建立DTM

3. 数字地面模型(DTM)的修改

1)删除三角形

如果在某范围内无等高线通过,则可将其内部相关三角形删除。具体方法是:先将要删除三角形的区域放大显示,再选择"等高线"菜单的"删除三角形"项,命令区提示选择对象,这时便可选择要删除的三角形,如果误删,可用"U"命令恢复。

2)过滤三角形

可根据用户需要输入三角形中最小角的度数、三角形中最大边长最多可大于最小边长的倍数等条件。如果出现在建立三角网后无法绘制等高线的情况,可过滤掉部分形状特殊的三角形,即有特大角和特小角的三角形。另外,如果生成的等高线不光滑,也可以用此功能将不符合要求的三角形过滤掉再生成等高线。

3)增加三角形

如果要增加三角形,可选择"等高线"菜单中的"增加三角形"项,依照屏幕的提示在要增加三角形的地方用鼠标点取,如果点取的地方没有高程点,系统会提示输入高程。

4)三角形内插点

选择此命令后,可根据提示输入要插入的点:在三角形中指定点(可输入坐标或用鼠标直接点取),提示"高程(米)=?"时,输入此点的高程。通过此功能可将此点与相邻的三角形顶点相连构成新的三角形,同时原三角形会自动被删除。

5)删三角形顶点

此功能可将所有由某点生成的三角形删除。因为一个点会与周围很多点构成三角形,如果手工删除三角形,不仅工作量较大而且容易出错。这个功能常用在发现某一点坐标错误时,要将它从三角网中剔除的情况下。

6)重组三角形

指定两相邻三角形的公共边,系统自动将两个三角形删除,并将两个三角形的另两点连接起来构成两个新的三角形,这样做可以改变不合理的三角形连接。如果因两个三角形的形状特殊无法重组,会有出错提示。

7)删三角网

生成等高线后就不再需要三角网了,这时如果要对等高线进行处理,三角网比较碍事,可以用此功能将整个三角网删除。

8)修改结果存盘

通过以上命令修改了三角网后,选择"等高线"菜单中的"修改结果存盘"项,把修改后的数字地面模型存盘。这样,绘制的等高线不会内插到修改前的三角形内。

4. 绘制等高线

选择"等高线"菜单中的"绘制等高线"项,显示如图 2-7 所示对话框。对话框中会显示参与生成 DTM 的高程点的最小高程和最大高程。如果只生成单条等高线,那么就在单条等高线高程中输入此条等高线的高程;如果生成多条等高线,则在等高距框中输入相邻两条等高线之间的等高距。最后选择等高线的拟合方式,总共有四种拟合方式:不拟合(折线)、张力样条拟合、三次 B 样条拟合和 SPLINE 拟合。观察等高线效果时,可输入较大等高距并选择不拟合,以加快速度。如选拟合方法 2,则拟合步距以 2 m 为宜,但这时生成的等高线数据量比较大,生成速度会稍慢。测点较密或等高线较密时,最好选择拟合方法 3,也可选择不拟合,之后再用"批量拟合"功能对等高线进行拟合。选择方法 4 则用标准 SPLINE 曲线来绘制等高线,提示"请输入样条曲线容差",容差是曲线偏离理论点的允许差值,可直接按[回车]键。SPLINE 曲线的优点在于即使其被断开后仍然是样条曲线,可以进行后续编辑修改,缺点是较方法 3 容易发生线条交叉现象。

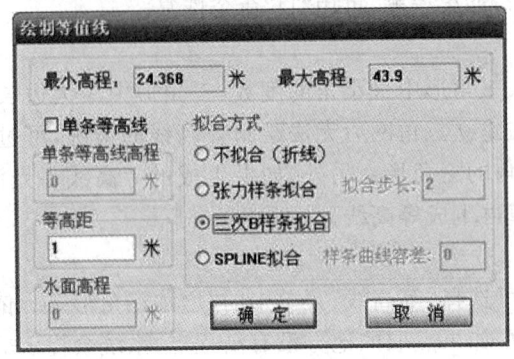

图 2-7　绘制等高线

5．修饰等高线

1）注记等高线

如果需要在等高线上注记高程,可以选择"单个高程注记"或"沿直线高程注记",通常情况下在大范围内选择"沿直线高程注记",在局部地方选择"单个高程注记"。等高线的高程注记通常要求字头朝向高处。

2）等高线修剪

如图 2-8 所示,首先选择"消隐"或"修剪"等高线,然后选择整图处理或手工选择需要修剪的等高线,最后选择地物和注记符号,点击[确定]后会根据输入的条件修剪等高线。

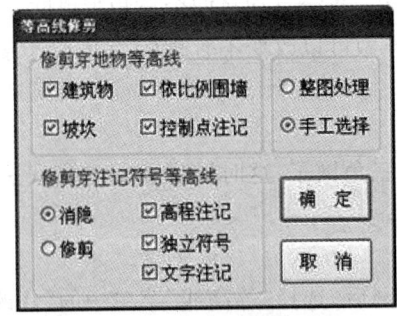

图 2-8　等高线修剪对话框

3）切除指定二线间等高线

如果想切除某两条线之间的等高线,如一条公路通过山坡,则公路两侧的等高线应以公路边断开,此时可使用此命令。

4）切除指定区域内等高线

如果某一面状地物位于大片等高线中间,如山上有个院落,则应切除院墙线以内的等高线。选择一封闭复合线,系统将切除该复合线内所有等高线。注意封闭区域的边界一定是复合线,如果不是,系统将无法处理。

5）等值线滤波

一般的等高线都是用样条拟合的,这时虽然从图上看出来的节点数很少,但实际上每条等高线上有很多密布的夹持点,如图 2-9 所示。这些夹持点使得绘完等高线后图形容量变得很大,可以利用等值线滤波功能使图形容量变小。系统需要输入滤波阈值,这个值越大,精简的程度就越大,但是会导致等高线失真(即变形),因此,用户可根据实际需要选择合适的阈值。

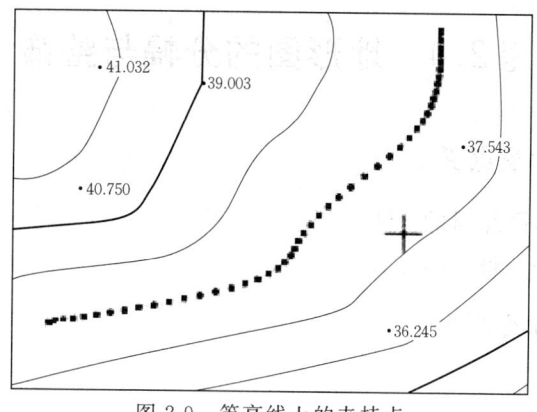

图 2-9 等高线上的夹持点

2.3.5　实训注意事项

(1)绘制等高线之前应将各条地性线连接好,横跨地性线的三角网应删除。

(2)三角网建完之后,应根据草图情况和现场实际地形删除无用的三角形。

2.3.6　知识检验

(1)简述数字地面模型(DTM)修改的主要内容。

(2)简述等高线修饰的主要内容。

§2.4 地形图的分幅与整饰

2.4.1 实训目的及意义

(1)进一步熟悉地形图编辑的方法。
(2)掌握地形图分幅与整饰的方法。

2.4.2 实训安排及要求

(1)实训时数为2学时。
(2)将前面实训中绘制的地形图进行分幅和整饰。

2.4.3 实训仪器及工具

每人1台计算机,计算机上安装有CAD和CASS软件。

2.4.4 实训方法及步骤

1. 给地形图加上标准图幅图框

(1)选择"绘图处理"菜单下的"标准图幅"子菜单,可选择50 cm×50 cm或50 cm×40 cm两种图幅。
(2)在如图2-10所示的对话框中输入图名,再输入测量员、绘图员、检查员。

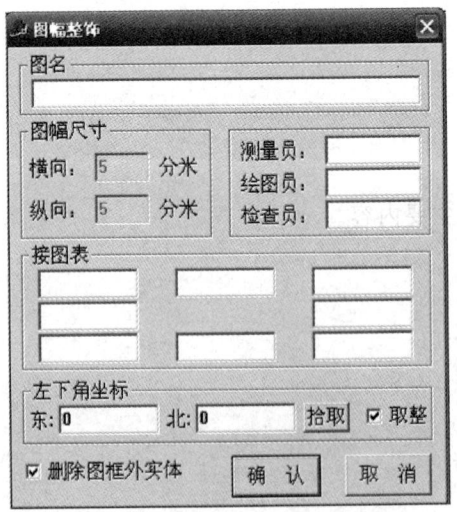

图2-10 标准图幅整饰对话框

(3)在"接图表"中输入与该幅图相邻的八幅图的图名(图号)。
(4)输入需要加图框的地图的西南角的 x(北)、y(东)坐标,或用鼠标直接点取。生成如图2-11所示的50 cm×50 cm标准图幅。图名及接图表如图2-12所示。

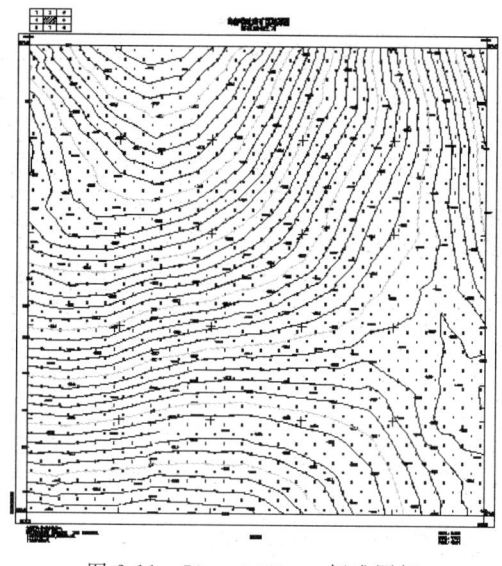

图 2-11　50 cm×50 cm 标准图幅

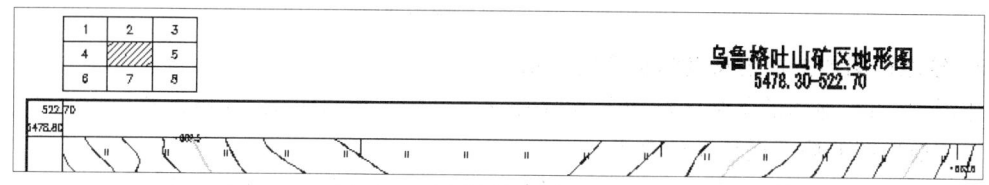

图 2-12　标准图幅图名及接图表

(5)对如图 2-13 所示的测图单位、测图日期、坐标系、高程系等进行修改。

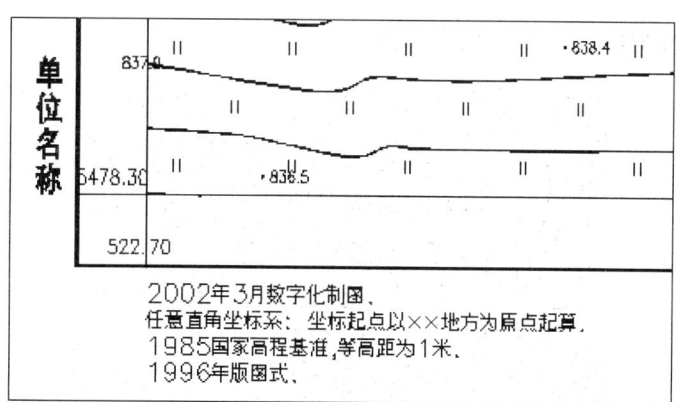

图 2-13　标准图幅测图单位、日期示意

2. 给地形图加上任意图幅图框

作用:根据地形图的空间范围,加入任意大小的图框,而不是像标准图幅那样固定为 50 cm×50 cm。

(1)选择 CASS 软件主菜单"绘图处理"下的"任意图幅"子菜单。

(2)在如图 2-10 所示的对话框中填入各项内容。不同的是,任意图幅可以控制方格的长度和宽度,可以不是固定的 50 cm×50 cm,如图 2-14 所示为任意图幅图框。

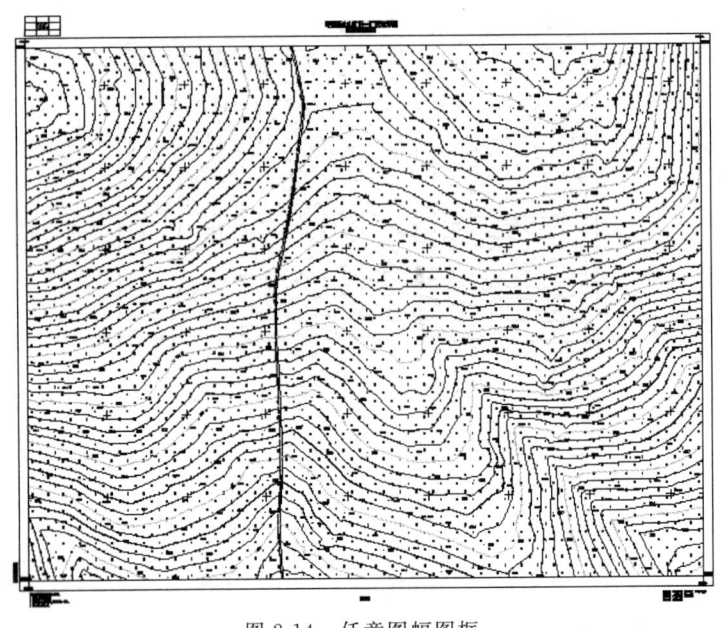

图 2-14　任意图幅图框

3. 给地形图加上指定长度和宽度的方格

作用：给指定地图的某个区域加上方格网，覆盖位置、覆盖范围、方格长宽可以人为控制，可以用于地形图的局部设计及计算等。

(1) 选择 CASS 软件主菜单"绘图处理"下的"图幅网格(指定长度)"子菜单。

(2) 在命令行中按提示输入方格长度和方格宽度(以 mm 为单位)，如长宽均输入 100 mm。

(3) 在图上添加如图 2-15 所示的方格网。

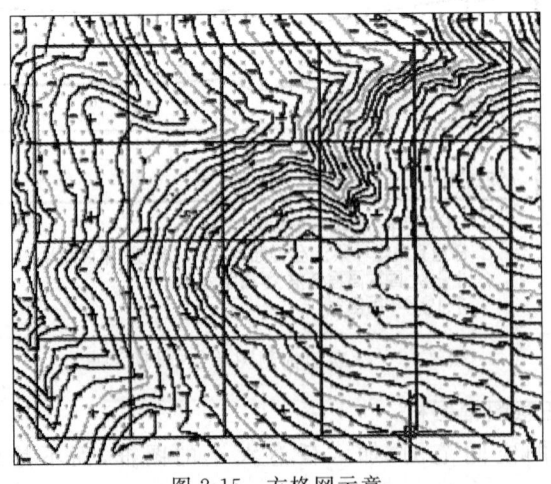

图 2-15　方格网示意

4. 在指定的区域内加上十字状绘图方格

作用：可以给指定地图的某个区域加上十字状方格网，覆盖位置、覆盖范围可以人为控制，方格长宽可以人为控制，可以用于地形图的局部设计及计算等。

(1)选择 CASS 软件主菜单"绘图处理"下的"加方格网"子菜单。
(2)在命令行中按提示用鼠标分别点取需要加方格网区域的左下角点和右上角点。
(3)在图上添加如图 2-16 所示的十字状方格(为了显示清楚,十字格网的线宽设置得较宽)。

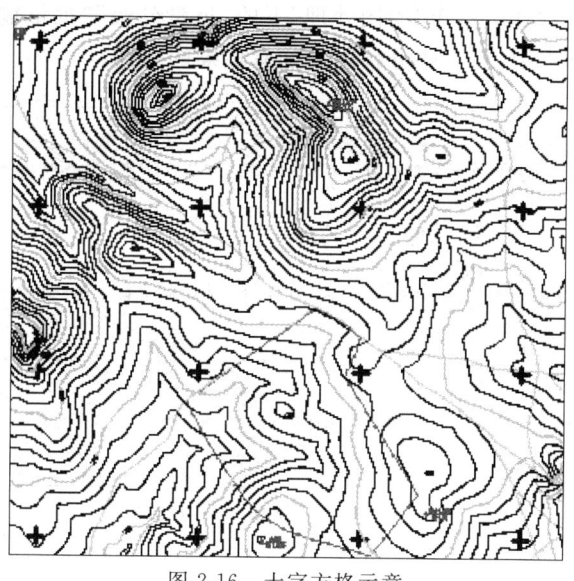

图 2-16　十字方格示意

5. 给十字方格处加上纵横坐标

作用:给加入十字方格的位置加上坐标,可以显示当前位置的坐标,方便用图者快速了解当前位置的坐标数据。如该图中十字方格纸面间距为 10 cm,而实际地面坐标差为 100 m,比例尺为 1∶1 000。

(1)选择 CASS 软件主菜单"绘图处理"下的"方格注记"子菜单。
(2)在命令行中按提示用鼠标分别点取需要加方格注记的十字方格的位置。
(3)重复第二步,在全部需要加入坐标的位置添加坐标注记,如图 2-17 所示。

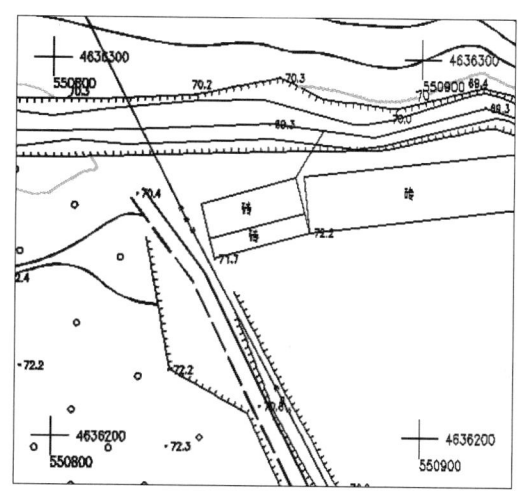

图 2-17　给十字方格加上坐标

6. 批量分幅

依次选择 CASS 软件主菜单"绘图处理"下的"批量分幅""建立格网",可将一幅图分成标注的多个图幅,并加上网格线,在每一幅分幅图上标有图号,如图 2-18 所示。分幅过程中需要按照比例尺的要求及实际测区范围来确定测区西南角和东北角点的坐标。

再依次选择 CASS 软件主菜单"绘图处理"下的"批量分幅""批量输出",则可将每一幅分幅图输出到指定的文件夹中,每一幅分幅图都加有标准的图框。

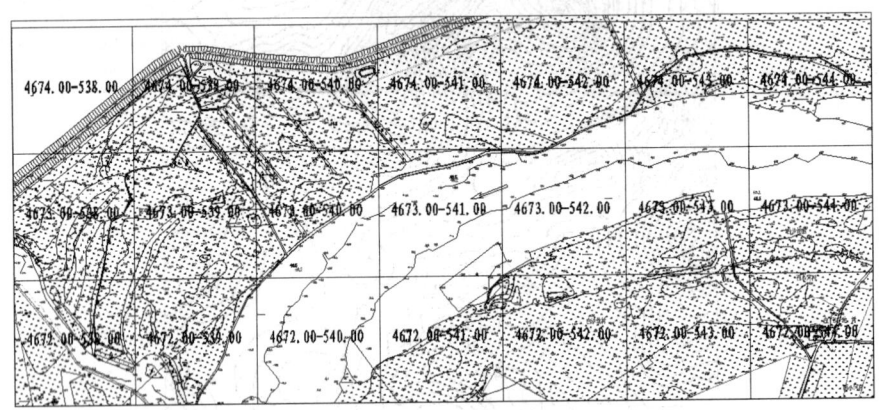

图 2-18 批量分幅加入的格网

2.4.5 实训注意事项

(1)加图框时西南角坐标的选择随比例尺不同而不同。
(2)批量分幅时应事先计算好测区西南角和东北角坐标。

2.4.6 知识检验

(1)如何给地形图加标准图幅?

(2)如何给任意图幅加图框?

(3)如何进行批量分幅?

§2.5 断面图的绘制

2.5.1 实训目的及意义

(1)了解断面图绘制的基本原理和方法。
(2)掌握用 CASS 软件绘制断面图的方法。

2.5.2 实训安排及要求

(1)实训时数为 2 学时。
(2)完成一定数量的断面图的绘制工作。

2.5.3 实训仪器及工具

每人 1 台计算机,计算机上安装有 CAD 和 CASS 软件。

2.5.4 实训方法及步骤

使用 CASS 软件绘制断面图的方法有四种:由坐标数据文件生成、由断面里程文件生成、由等高线生成、由三角网生成。

1. 用坐标数据文件(∗.dat)绘制断面图

1)CASS 数据文件格式

坐标数据文件是 CASS 最基础的数据文件,扩展名是"dat"。无论是从电子手簿传输到计算机还是用电子平板在野外直接记录数据,都生成一个坐标数据文件,其格式为:

> 1 点点名,1 点编码,1 点 y(东)坐标,1 点 x(北)坐标,1 点高程
> ……
> N 点点名,N 点编码,N 点 y(东)坐标,N 点 x(北)坐标,N 点高程

说明:
(1)文件内每一行代表一个点。
(2)每个点 y(东)坐标、x(北)坐标、高程的单位均是 m。
(3)编码内不能含有逗号,即使编码为空,其后的逗号也不能省略。
(4)所有的逗号不能用中文全角字符输入。

2)CASS 数据文件绘制断面图过程

(1)使用复合线将断面点连成断面线,注意连接顺序决定断面方向。
(2)用复合线生成断面线,点取"工程应用\绘断面图\根据已知坐标"功能,依据提示选择断面线,屏幕上弹出"断面线上取值"的对话框如图 2-19 所示,在"选择已知坐标获取方式"栏中选择"由数据文件生成",在"坐标数据文件名"栏中选择坐标数据文件。

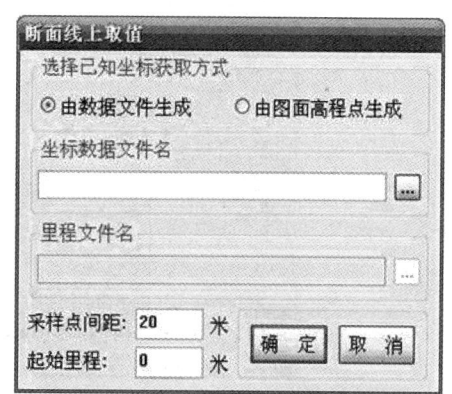

图 2-19 根据已知坐标绘制断面图

说明：如果选择"由图面高程点生成"，需要在图上选取高程点，前提是图面存在高程点，否则此方法无法生成断面图。

（3）输入采样点间距，系统的默认值为 20 m。采样点间距的含义是复合线上两顶点之间的距离若大于此间距，则每隔此间距内插一个点。

（4）输入起始里程，系统默认起始里程为 0 m。

（5）点击[确定]后，屏幕弹出"绘制纵断面图"对话框如图 2-20 所示。

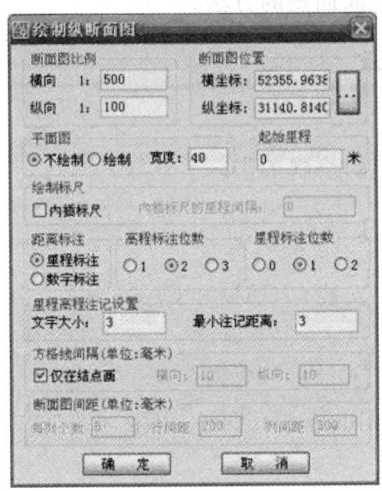

图 2-20　"绘制纵断面图"对话框

输入相关参数如：横向比例和纵向比例，系统默认的横向比例和纵向比例分别为 1：500 和 1：100；断面图位置可以手工输入，也可在图面上拾取；可以选择是否绘制平面图、标尺、标注；设置关于注记的属性。

（6）点击[确定]后，屏幕上出现所选断面线的断面图，如图 2-21 所示。

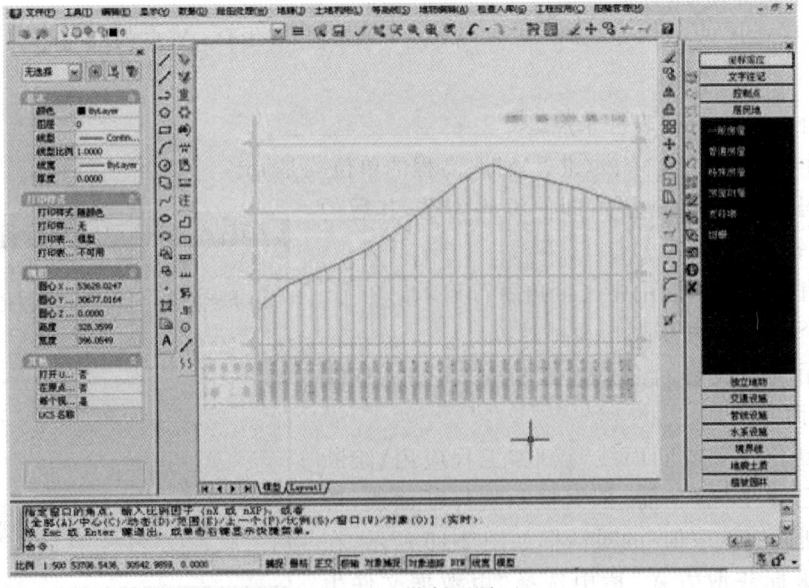

图 2-21　纵断面图

2. 用断面里程文件(*.HDM)绘制断面图

一个里程文件可包含多个断面的信息,绘断面图时则可一次绘出多个断面。里程文件的一个断面信息内允许有该断面不同时期的断面数据,这样绘制这个断面时就可以同时绘出实际断面线和设计断面线。

1)断面里程文件的编写方法

CASS 的断面里程文件扩展名是"HDM",总体格式如下:

BEGIN,断面里程:断面序号
第一点里程,第一点高程
第二点里程,第二点高程
　　……
NEXT
另一期第一点里程,第一点高程
另一期第二点里程,第二点高程
　　……
下一个断面
　　……

2)断面里程文件的要求

(1)每个断面第一行以"BEGIN"开始;"断面里程"参数多用在道路土方计算方面,表示当前横断面中桩在整条道路上的里程,如果里程文件只用来画断面图,可以不要这个参数;"断面序号"参数和道路设计参数文件的"断面序号"参数相对应,以确定当前断面的设计参数,同样在只画断面图时可省略。

(2)各点应按断面上的顺序表示,里程依次从小到大。

(3)每个断面从"NEXT"往下的部分可以省略,这部分表示同一断面另一个时期的断面数据。例如,设计断面数据,绘断面图时可将两期断面线同时画出来,如同时画出实际线和设计线。

3)使用断面里程文件生成断面图

某断面数据文件如下(注意逗号是英文逗号),断面图如图 2-22 所示,细折线为实际断面线,加粗线为设计断面线。

BEGIN,K0+000:1
0,95
5,96
7,95.5
12,96.2
15,95.8
18,96.7
22,95.2
26,94.6
30,93.2
NEXT

0,93
5,95
15,95.2
25,95
30,93
BEGIN,K0+100:2
0,94.5
4,95
8,94.7
11,96.5
15,96.8
19,95.7
23,93.4
26,94.8
30,93.8
NEXT
0,93
5,95
15,95.2
25,95
30,93

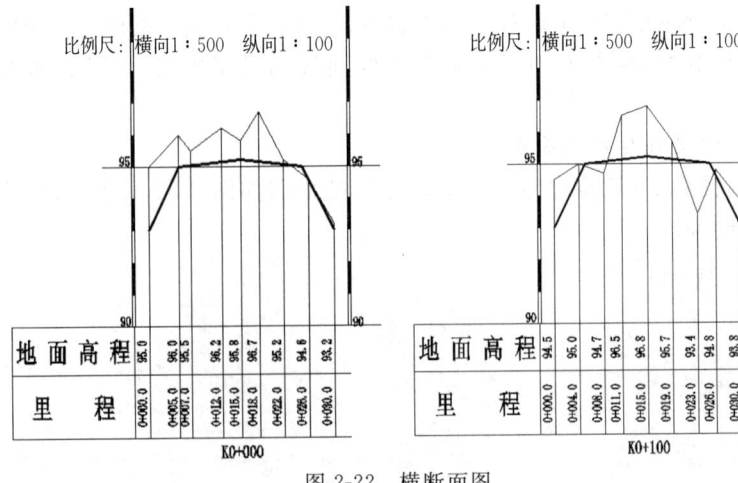

图 2-22 横断面图

4)依据里程文件绘制断面图的方法
(1)依次选择"工程应用""绘断面图""根据里程文件"。
(2)选择预先编制好的断面里程文件*.HDM。
(3)选择并填写断面图的横向和纵向比例尺。
(4)填写或鼠标指定绘制断面图的位置。

(5)选择距离标注方式为"里程标注"或"数字标注"。
(6)选择高程标注和里程标注的数据取位数。
(7)选择里程和高程注记的文字大小和最小注记距离。
(8)选择方格线"仅在结点画"或"横向、纵向指定距离(默认 10 mm)"。
(9)一次绘制多个断面图时,规定每列个数。
(10)多图间距指定,即行间距和列间距的指定。
(11)以上参数设置完毕之后,点击[确定],即可绘出图形。

2.5.5　实训注意事项

(1)用坐标数据文件绘制断面图时,PLINE 线的连线方向决定生成的断面图的方向。
(2)用断面里程文件绘制断面图时,可批量绘制多个断面图,行列数及间距可以控制。

2.5.6　知识检验

(1)简述用坐标数据文件绘制断面图的基本过程。

(2)简述用断面里程文件绘制断面图的基本过程。

扫码查看知识检验答案

第3章 数字测图综合实习

§3.1 数字测图综合实习任务书

3.1.1 课程性质

(1)教学对象:工程测量技术及其相关专业。
(2)建议实习时间:4 周。

3.1.2 实习目的与要求

1. 实习目的

数字测图是工程测量及其相关专业的主要专业技术课程之一,是一门实践性、操作性、综合性很强的课程,通过数字化课程实习,进一步巩固和深化课堂所学内容,验证课堂所学基础理论、基本方法、基本技能,将所学知识变成技巧和能力。通过实习,还可以加强学生的仪器操作技能,提高学生的动手能力,培养学生运用所学基本理论和基本技能发现问题、分析问题、解决问题的能力。实习过程中,注重学生基本功的训练,培养测量工程师的基本素质;培养学生具有热爱专业、关心集体、爱护仪器和工具、认真执行测量规范的良好职业道德;吃苦耐劳、团结协作的团队精神;认真负责、一丝不苟的工作态度;精益求精的工作作风;遵守纪律、保护群众利益的社会公德。

2. 实习要求

(1)熟练掌握全野外数字测图常用的测量仪器(全站仪、导航卫星定位测量设备)的使用方法。
(2)掌握全站仪图根导线测量、实时动态图根控制测量观测方法和计算方法。
(3)掌握全站仪加密测站点的方法。
(4)掌握全野外数字测图的基本方法和测图过程,掌握数字地形图的检查方法。
(5)掌握全野外数字测图的基本要求和成图过程,掌握大比例尺数字测图方法和数字成图软件的使用。

3.1.3 实习组织方式

实习期间的组织工作应由辅导教师负责,每班应配备两名辅导教师。实习按小组进行,每组 5～6 人,组长 1 人,负责组内实习分工和仪器管理。组员在组长的统一安排下,分工协作,完成实习。分配任务时,每项工作均应由组员轮流担任,不可单纯追求进度。

3.1.4 实习主要内容

(1)踏勘选点,技术设计。
(2)图根控制测量。

(3)数据采集。
(4)地形图绘制。
(5)地形图的检查与验收。
(6)实习报告(技术总结)。

3.1.5 时间安排

表 3-1 参考时间分配表

项目名称	时间/天	备注
准备工作、踏勘选点、技术设计	1	包括实习动员,主要内容讲解
图根控制测量	4	全站仪导线测量及内业计算
数据采集	6	每天采集的数据要及时传入计算机
地形图绘制	5	每天利用一定的时间绘图
地形图的检查与验收	1	包括内业检查与外业检查
实习报告(技术总结)	2	
成绩考核	1	操作考试和理论考试相结合
合计	20	

3.1.6 实习注意事项

(1)实习中,确保实习设备的安全,在教师指导下按照仪器操作规范正确使用。各组要指定专人妥善保管仪器和工具。每天出工和收工,都要按仪器清单清点仪器和工具数量,检查仪器和工具是否完好无损。发现问题要及时向指导教师报告。

(2)实习期间,小组长要认真负责,合理安排小组工作,每一项工作都应由小组成员轮流完成,使每人都有操作的机会,不可单纯追求实习进度。

(3)实习中,应加强团结。小组内、各组之间、各班之间都应团结协作,以保证实习任务的顺利完成。

(4)观测员将仪器安置在脚架上时,一定要拧紧连接螺旋和脚架制紧螺旋,并由记录员复查。在安置仪器时,特别是在对中、整平后及迁站前,一定要检查仪器与脚架的中心螺旋是否拧紧。观测员必须始终守护在仪器旁,注意过往行人、车辆,防止仪器翻倒。若发生仪器事故,要及时向指导教师报告,严禁私自拆卸仪器。

(5)观测数据必须直接记录在规定的手簿中,不得用其他纸张记录再行转抄。严禁擦拭、涂改数据,严禁伪造成果。在完成一项测量工作后,要及时计算、整理有关资料并妥善保管好记录手簿和计算成果。

(6)严格遵守实习纪律。在测站上不得嬉戏打闹,工作中不看与实习无关的书籍和报纸,不玩手机。未经实习队允许,不得缺勤。

(7)按照指导教师要求,遵照指导书要求,严格遵守测量规范,按规范要求完成所有实习环节,保证实习质量和进度,按要求完成各项实习项目。

3.1.7 成绩评定

实习成绩根据小组成绩和个人成绩综合评定。按优、良、中、及格、不及格五级评定成绩。

1. 小组成绩的评定标准

(1)观测、记录、计算准确,数据图形管理规范,按时完成任务等。

(2)遵守纪律,爱护仪器,组内人员具有团队精神,组内外团结协作。

(3)组内能展开讨论,及时发现问题和解决问题,并总结经验教训。

2. 个人成绩的评定

(1)实习期间的表现,主要包括:出勤情况、实习表现、遵守纪律情况、爱护仪器和工具情况。

(2)操作技能,主要包括:使用仪器的熟练程度、作业程序和外业观测是否符合规范要求等。

(3)手簿、计算成果和成图质量,主要包括:手簿和各种计算表格是否完好无损,书写是否工整清晰,手簿有无擦拭、涂改,数据计算是否正确,各项限差、较差、闭合差是否在规定范围内。地形图上各类地物、地形要素的精度及表示是否符合要求,文字说明注记是否规范等。

(4)个人实习考试成绩(包括实际操作考试、理论计算考试)。

(5)实习报告,主要包括:实习报告的编写格式和内容是否符合要求,实习报告是否整洁清晰、项目齐全、成果正确,是否体现出编写水平、分析问题解决问题的能力及有无独特见解等。

(6)实习中发生吵架事件,损坏仪器、工具及其他公物,未交实习报告,伪造数据,丢失成果资料等,均作不及格处理。

3. 技术要求

技术要求按 CJJ/T 8—2011《城市测量规范》、GB/T 20257.1—2017《国家基本比例尺地图图式 第1部分:1∶500、1∶1 000、1∶2 000 地形图图式》(后简称《1∶500、1∶1 000、1∶2 000 地形图图式》)、GB/T 14912—2017《1∶500、1∶1 000、1∶2 000 外业数字测图规程》、CH/T 1001—2005《测绘技术总结编写规定》、CH/T 1004—2005《测绘技术设计规定》等规定执行。一般规定如下:

(1)数字测图实习采用数字测记模式的草图法,利用全站仪或 RTK 进行外业数据采集。

(2)实习指导教师统一选定坐标系统和高程系统。坐标系统和高程系统尽量采用国家坐标系统和国家高程系统,也可以采用假定坐标系统和假定高程系统。

(3)地形图图幅应按正方形分幅,规格为 50 cm×50 cm;图号编号按图廓西南角坐标公里数编号,X 坐标在前,Y 坐标在后,中间用短线连接。

(4)地形类别按以下情况划分。①平地:绝大部分地面坡度在 2°以下;②丘陵地:绝大部分地面坡度在 2°~6°(不含 6°);③山地:绝大部分地面坡度在 6°~25°(不包含 25°);④高山地:绝大部分地面坡度在 25°及以上。

(5)实习指导教师根据任务和地形情况统一确定测图比例尺和地形图基本等高距。比例尺可选为 1∶500 或 1∶1 000,基本等高距根据地形类别和用途的需要,按表 3-2 规定确定。

(6)高程注记点的密度为 100 cm² 内 5~20 个,一般选择明显地物点或地形特征点。

表 3-2 基本等高距   单位:m

基本等高距	平地	丘陵地	山地	高山地
1∶500	0.5	1.0(0.5)	1.0	1.0
1∶1 000	0.5(1.0)	1.0	1.0	2.0

注:括号内的等高距依用图需要选用。

(7)地形图上地物点相对于邻近图根点的位置中误差及邻近地物点间的距离中误差不大于表 3-3 的规定。高程注记点相对于邻近图根点的高程中误差不应大于相应比例尺地形图基本等高距的 1/3，困难地区放宽 0.5 倍。等高线插求点相对于邻近图根点的高程中误差，平地不应大于基本等高距的 1/3，丘陵地不应大于基本等高距的 1/2，山地不应大于基本等高距的 2/3，高山地不应大于基本等高距。

表 3-3　地物点平面位置精度　　　　　　　　单位：m

地区分类	比例尺	点位中误差	邻近地物点间距中误差
城镇、工业建筑区、平地、丘陵地	1∶500	±0.30	±0.20
	1∶1 000	±0.60	±0.40
	1∶2 000	±1.20	±0.80
困难地区、隐蔽地区	1∶500	±0.40	±0.30
	1∶1 000	±0.80	±0.60
	1∶2 000	±1.60	±1.20

(8) 地形图符号及注记按《1∶500、1∶1 000、1∶2 000 地形图图式》(GB/T 20257.1—2017)的规定执行。对图式中没有规定的地物、地貌符号，由实习指导教师统一规定，不得自行设计使用。

3.1.8　实践成果

1. 每个实习小组应提交下列成果

(1) 经过严格检查的各种观测手册。

(2) 整饰合格的数字地形图。

2. 每人应提交下列成果

(1) 控制网的选点草图。

(2) 导线计算成果。

(3) 控制点成果表。

(4) 实习报告(技术总结、个人总结)。

§3.2 数字测图实习指导书

3.2.1 技术设计

在明确任务、了解测区、广泛收集资料的情况下,进行技术设计书的编写。

1. 任务概述

说明任务名称、来源、作业区范围、地理位置、行政隶属、测图比例尺、拟采用的技术依据、要求达到的主要精度指标和质量要求、计划开工期及完成期等。

2. 测区概况

重点介绍测区的社会、自然、地理、经济、人文等方面的基本情况。

3. 已有资料利用情况

需对以上既有成果情况加以说明,包括其等级、精度。

4. 作业依据

说明测图作业所依据的规范、图式及有关的技术资料。

5. 控制测量方案

控制测量方案包括平面控制测量方案和高程控制测量方案。

6. 数字测图方案

首先介绍数字测图的测图比例尺、基本等高距、地形图采用的分幅与编号方法、图幅大小等,并绘制整个测区的地形图分幅编号图;再介绍数据采集方案;最后介绍数据处理、图形处理、成果输出方法。

7. 检查验收方案

检查验收方案应重点说明数字地形图的检测方法、实地检测工作量与要求;中间工序检查的方法与要求;自检、互检、组检方法与要求;各级各类检查结果的处理意见等。

8. 应提交的资料

技术设计书中应列出需要提交的所有资料的清单,并编制成表。

9. 建议与措施

技术设计书中不仅就如何组织力量、提高效益、保证质量等方面提出建议,而且要充分、全面、合理预见工程实施过程中可能遇到的技术难题、组织漏洞和各种突发事件等,并有针对性地制订处理预案,提出切实可行的解决方法。

3.2.2 图根控制测量

图根点是测图的依据,它为数字测图提供平面和高程基准,应该在各级国家等级控制点、城市等级控制点等基础上加密。图根控制测量方法主要以全站仪导线测量和 GNSS-RTK 测量为主,也可以采用"一步测量法"和"辐射点法"。导线可布设成单一附合导线、单一闭合导线及导线网,因地形限制图根导线无法附合时,可布设成支导线。

1. 选点

图根点的密度应根据测图比例尺和地形条件而定,数字测图图根点的密度不宜小于表 3-4 的规定。地形复杂、隐蔽的区域及城市建筑区,应以满足测图需要并结合具体情况加大密度。

表 3-4　数字测图图根点密度

测图比例尺	1∶500	1∶1 000	1∶2 000
图根控制点的密度（点数/km²）	64	16	4

图根控制点应选在土质坚实、便于长期保存、便于仪器安置、通视良好、视野开阔、便于测角和测距、便于施测碎部点的地方。要避免将图根点选在道路中间。若导线点为临时点,则只需在点位打一个木桩,桩顶面钉一个小钉,小钉几何中心即为点位;若点位在水泥路面,则在点位上钉一个水泥钉即可,或用油漆在地面上画"⊕"作为临时标志;需长期保存的点,应埋设混凝土标石,标石中心钢筋顶面应有十字线,十字交点即点位。埋石点应选在第一次附合的图根点上,并应做到至少能与另一个埋石点互相通视。

图根控制点相对于起算点的点位中误差按测图比例尺:1∶500 不应大于 5 cm;1∶1 000 不应大于 10 cm。高程中误差不得大于测图基本等高距的 1/10。

2. 图根控制测量

全站仪导线测量可以直接测算出图根点的三维坐标。

导线的边长采用全站仪双向施测,每个单向施测一测回,即盘左盘右分别进行观测,读数较差和往返测较差均不宜超过 20 mm。测边应进行气象改正。

水平角施测一测回,测角中误差不宜超过 20″。

每边的高差采用全站仪往返观测,每个单向施测一测回,即盘左盘右分别进行观测,盘左盘右和往返测高差较差均不宜超过 0.02D。D 为边长,300 m 以内按 300 m 计算。

全站仪导线测量角度闭合差不大于 $\pm 60''\sqrt{n}$（n 为测站数）,导线相对闭合差不大于 1/2 500,高差闭合差不大于 $\pm 40\sqrt{D}$ mm（D 为边长,取单位为 km 的数值）。

因地形限制图根导线无法附合时,可布设支导线。支导线不多于 3 条边,长度不超过 450 m,最大边长不超过 160 m。边长可单向观测一测回。

3. 测站点加密

当局部地区图根点密度不足时,可在等级控制点或一次附合图根点上,采用全站仪辐射点法加密。测站点相对于邻近图根点,点位精度的中误差不应大于 $0.1 \times M \times 10^{-3}$ m,M 为比例尺分母,高程中误差不应大于测图基本等高距的 1/6。

4. 内业计算

采用南方平差易软件进行计算,也可采用手算的方法进行。起算数据由指导教师给定。

3.2.3　数据采集

1. 数据采集的准备工作

数字测图开始前,应做好下列准备工作。

1)已知控制点的录入

全站仪在测图前最好在室内就将控制点成果录入全站仪内存中,从而提高工作效率。

2)仪器参数设置及内存文件整理

仪器在使用前要对仪器中影响测量成果的内部参数进行检查、设置,包括温度、气压、棱镜常数、测距模式等。检查仪器内存中的文件,如果内存不足可删除已传输完毕的无用的文件。

2. 数据采集工作步骤

1) 安置仪器

在测站上进行对中、整平后,量取仪器高,仪器高量至毫米。打开电源开关[POWER]键,转动望远镜,使全站仪进入观测状态,再按[NEMU](菜单)键,进入主菜单。

2) 输入数据采集文件名

在数据采集菜单,输入数据采集文件名。文件名可直接输入,例如,以工程名称命名或以日期命名等,也可以从全站仪内存调用。若需调用坐标数据文件中的坐标作为测站点或后视点使用,则预先应由数据采集菜单选择一个坐标数据文件。

3) 输入测站数据

测站数据的设定有两种方法:一是调用内存中的坐标数据(作业前输入或调用测量数据);二是直接由键盘输入坐标数据。

4) 输入后视点数据

后视定向数据的设定一般有三种方法:一是调用内存中的坐标数据;二是直接输入控制点坐标;三是直接输入定向边的方位角。

5) 定向

当测站点和后视点设置完后,按[测量]键,再照准后视点,选择一种测量方式如坐标,这时定向方位角设置完毕。

6) 碎部点测量

在数据采集菜单下,开始碎部点采集。输入点号后,再输入编码和棱镜高(棱镜高量至毫米)。按[测量]键,照准目标,再按[坐标]键,开始测量,数据被存储。进入下一点,点号自动增加,如果不输入编码采用无码作业或镜高不变,可按[同前]键。

3. 仪器设置及定向检查

(1) 仪器对中误差不大于 5 mm。

(2) 以较远一测站点(或其他控制点)标定方向(起始方向),另一测站点(或其他控制点)作为检核,算得检核点平面位置误差不大于 $0.2 \times M \times 10^{-3}$ m,M 为比例尺分母。

(3) 检查另一测站点(或其他控制点)的高程,其较差不应大于 1/6 等高距。

(4) 每站数据采集结束时应重新检测标定方向,检测结果如超出(2)、(3) 两项所规定的限差,则其检测前所测的碎部点成果须重新计算,并应检测不少于两个碎部点。

4. 地形测绘基本要求

1) 地形点密度

地形点间距应按表 3-5 的规定执行。地性线和断裂线应按地形变化增大采点密度。

高程注记点分布应符合下列规定:

(1) 地形图上高程注记点应分布均匀。

(2) 山顶、鞍部、山脊、山脚、谷底、谷口、沟底、沟口、凹地、台地、河川湖池岸旁、水崖线上及其他地面倾斜变换处,均应测高程注记点。

(3) 城市建筑区高程注记点应测设在街道中心线、街道交叉中心、建筑屋墙基脚和相应的地面、管道检查井井口、桥面、广场、较大的庭院内或空地上及地面倾斜变换处。

(4) 基本等高距为 0.5 m 时,高程注记点应注至厘米;基本等高距大于 0.5 m 时可注至分米。

表 3-5　地形点间距　　　　　　　　　　　　　单位：m

比例尺	1∶500	1∶1 000	1∶2 000
地形点平均间距	25	50	100

2）碎部点测距长度

碎部点测距最大长度一般应按表 3-6 的规定执行。如遇特殊情况,在保证碎部点精度的前提下,碎部点测距长度可适当加长。

表 3-6　碎部点测距长度　　　　　　　　　　　单位：m

比例尺	1∶500	1∶1 000	1∶2 000
最大测距长度	200	350	500

5．地形图测绘内容及取舍

地形图应表示测量控制点、居民地和垣栅、工矿建（构）筑物及其他设施、交通及附属设施、管线及附属设施、水系及附属设施、境界、地貌和土质、植被等各项地物地貌要素,以及地理名称注记等。

地物、地貌各要素的表示方法和取舍原则,除应按现行国家标准《1∶500、1∶1 000、1∶2 000 地形图图式》（GB/T 20257.1—2017）执行外,还应符合下列规定。

1）控制点的测绘

各级测量控制点是测绘地形图的主要依据,在图上按图示规定符号精确表示。

2）居民地和垣栅的测绘

居民地的各类建筑物、构筑物及主要附属设施应准确测绘实地外围轮廓并如实反映建筑结构特征。房屋以墙基外角为准正确测绘出轮廓线,并注记建筑材料和性质分类,注记楼房层数。比例尺为 1∶500、1∶1 000 的测图房屋应逐个表示,临时性建筑物可舍去。建筑物、构筑物轮廓凸凹在图上小于 0.4 mm 时可用直线连接。

依比例尺表示垣栅,准确测出基部轮廓并配置相应的符号,围墙、栏杆、栅栏等可根据其永久性、规整性、重要性等综合考虑取舍。不依比例尺的垣栅测绘出定位点、线并配置相应的符号。

3）工矿建（构）筑物及其他设施的测绘

工矿建（构）筑物及其他设施包括矿山工业、农业、文教、卫生、体育设施和公共设施等,地形图上应正确表示其位置、形状和性质特征。依比例尺表示的应准确测出轮廓,配置相应的符号并加注文字说明;不依比例尺表示的设施应准确测定定位点、定位线的位置,用不依比例尺符号表示,并加注文字说明。

凡具有判定方位、确定位置、指示目标的设施应测注高程点,如烟囱、打谷场、水文站、岗亭、纪念碑、钟楼、寺庙、地下建筑物的出入口等。

4）交通及附属设施的测绘

图上应准确反映陆地道路的类别和等级,附属设施的结构和关系,正确处理道路的相关关系及与其他要素的关系。

公路与其他双线道路在图上均应按实地宽度依比例尺表示。公路应在图上每隔 15～20 cm 注出公路等级代码。车站及附属建筑物、隧道、桥涵、路堑、路堤、里程碑等均需表示。在道路稠密地区,次要的人行道可适当取舍。铁路轨顶（曲线要取内轨顶）、公路中心及交叉处、桥面等应测取高程注记点,隧道、涵洞应测注底面高程。

公路和街道按其铺面材料分为水泥、沥青、砾石、碎石和土路等,应分别以砼、沥、砾、碴、土等注记于图中路面上。

路堤、路堑应按实地宽度绘出边界,并应在其坡顶、坡脚适当测记高程。

道路通过居民地不宜中断,应按真实位置绘出。

城区道路以路沿线测出街道边沿线,无路沿线的按自然形成的边线表示。街道中的安全岛、绿化带及街心花园应绘出。

道路及街道的中心处、交叉处、转折处图上每隔 10～15 cm,以及路面坡度变化处应测注高程点。

5) 管线及附属设施的测绘

正确测绘管线的实地定位点和走向特征,正确表示管线类别。

永久性电力线、通信线均应准确表示,电杆、电线架、铁塔位置均应实测。多种线路在同一杆线上时,只表示主要的线路。电力线应区分高压线(输电线)和低压线(配电线)。城市建筑区内电力线、通信线可不连线,但应在杆架处绘出连线方向。

地面和架空的管线均应表示,分别用相应符号表示,并注记其类别。地下管线根据用途需要决定表示与否,检修井宜测绘表示。管道附属设施均应实测位置。

6) 水系及附属设施的测绘

江、河、湖、海、水库、运河、池塘、沟渠、泉、井及附属设施等均应测绘,有名称的加注名称。海岸线以平均大潮高潮所形成的实际痕迹线为准;河流、湖泊、池塘、水库、塘等水涯线一般按测图时的水位为准,当水涯线在图上投影距离小于 1 mm 时以陡崖线符号表示。图上宽度小于 0.5 mm 的河流和宽度小于 1 mm 的沟渠用单线表示。表示固定水流方向及潮流向。水深和等深线按用图需要表示。水渠应测注渠顶边和渠底高程;池塘应测注塘顶边及塘底高程;时令河应测注河床高程;堤、坝应测注顶部及坡脚高程。河流交叉处、泉、井等要测注高程,瀑布、跌水测注比高。

7) 境界的测绘

正确表示境界的类别、等级、准确位置及与其他要素的关系。县级以上行政区划界应表示,乡、镇和乡级以上国营农林牧场及自然保护区界线按用图需要表示。两级以上境界重合时,只绘高级境界符号,但需同时注出各级名称。

8) 地貌和土质的测绘

自然形态的地貌宜用等高线表示,崩塌残蚀地貌、坡、坎和其他特殊地貌应用相应符号或用等高线配合符号表示。各种天然形成和人工修筑的坡、坎,其坡度在 70°以上时表示为陡坎,在 70°以下时表示为斜坡。斜坡在图上投影宽度小于 2 mm 时宜表示为陡坎并测注比高,当比高小于 1/2 等高距时,可不表示。梯田坎坡顶及坡脚在图上投影大于 2 mm 时,测坡脚;小于 2 mm 时,测注比高,当比高小于 1/2 等高距时,可不表示。梯田坎较密时,若两坎间距在图上小于 10 mm 可适当取舍。断崖应延其边沿以相应的符号测绘于图上。冲沟和雨裂视其宽度按图式在图上分别以单线、双线或陡壁冲沟符号绘出。居民地可不绘等高线,但高程注记点应能显示坡度变化特征。

各种土质按图式规定的相应符号表示。应注意区分沼泽地、沙地、岩石地、露岩地、龟裂地、盐碱地。

9）植被的测绘

地形图上应正确反映出植被的类别特征和分布范围。对耕地、园地应实测范围，配置相应的符号。在同一地段内生长多种植物时，图上配置符号（包括土质）不超过三种。耕地需区分稻田、旱地、菜地及水生经济作物地。以树种和作物名称区分园地类别并配置相应的符号，有方位和纪念意义的独立树需表示。田埂宽度在图上大于 1 mm 时用双线表示，小于 1 mm 时用单线表示。田角、田埂、耕地、园地、林地、草地均需测注高程。

10）独立地物

独立地物是判定方位、指示目标、确定位置的重要依据，必须准确测定位置。凡地物轮廓大于符号尺寸的，均以比例符号表示，加绘符号；小于符号尺寸的用非比例符号表示，并测注高程，有的独立地物应加注其性质。

11）注记

地形图上的各种名称、说明注记和数字注记应准确注出。图上所有居民地、道路、城市、工矿企业、山岭、河流、湖泊、交通等地理名称均应进行调查核实，正确注记。注记使用的字体、字级、字向、字序形式按《1∶500、1∶1 000、1∶2 000 地形图图式》(GB/T 20257.1—2017)执行。

3.2.4 地形图绘制

1．数据传输

数据通信的作用是完成电子手簿或带内存的全站仪与计算机之间的数据相互传输。通过执行 CASS 2008 系统的"数据处理"菜单下的"读入全站仪数据"或通过电子手簿命令完成。

2．绘制地形图

草图法作业采用测点点号定位成图法绘图。

（1）定显示区。

（2）选择测点点号定位成图法。

（3）绘制平面图。

（4）地物编辑。

（5）绘制等高线。

（6）地形图的分幅与整饰。

（7）地形图的输出。

3．数字地形图的编辑

1）居民地

街区与道路的衔接处，应留 0.2 mm 间隔；陡坎和斜坡上建筑物，按实际位置绘出，陡坎无法准确绘出时，可移位表示，并留 0.2 mm 间隔。

2）点状地物

两个点状地物相距很近，同时绘出有困难时，可将高大突出的地物准确表示，另一个移位表示，但应保持相互的位置关系；点状地物与房屋、道路、水系等其他地物重合时，可中断其他地物符号，间隔 0.2 mm，以保持独立符号的完整性。

3）交通

双线道路与房屋、围墙等高出地面的建筑物边线重合时，可用建筑物边线代替道路边线。道路边线与建筑物的接头处，应间隔 0.2 mm；公路路堤（路堑）应分别绘出路边线与堤（堑）

线,两者重合时,可将其中之一移动 0.2 mm 绘出。

4)管线

城市建筑区内电力线、通信线可不连线,但应绘出连线方向;同一杆架上架有多种线路时,表示其中主要的线路,但各种线路走向应连贯,线类应分明。

5)水系

河流遇桥梁、水坝、水闸等时应断开;水涯线与陡坎重合时,可用陡坎边线代替水涯线;水涯线与斜坡脚重合时,仍应在坡脚将水涯线绘出。

6)境界

境界以线状地物为界时,应距线状地物 0.2 mm 按图示绘出;如以线状地物中心为界,不能在线状地物符号中心绘出时,可沿两侧每隔 3~5 cm 交错绘出 3~4 节符号。在境界相交或明显拐弯及图廓处,境界符号不应省略,以明确走向和位置。

7)等高线

等高线遇到房屋及其他建筑物、双线道路、路堤、路堑、坑穴、陡坎、斜坡、湖泊、双线河、双线渠及注记等时均应断开;等高线的坡向不能判别时,应加绘示坡线。

8)植被

同一地类范围内的植被,其符号可均匀配置;大面积分布的植被在能表达清楚的情况下,可采用注记说明;地类界与地面上有实物的线状符号重合时,可省略不绘;地类界与地面上无实物的线状符号重合时,地类界移位 0.2 mm 绘出。

9)注记

文字注记要使所表达的地物能明确判读,字头朝北,道路河流名称,可随线状弯曲的方向排列,名字底边平行于南、北图廓线;注记文字之间最小间距为 0.5 mm,最大间距不宜超过字大的 8 倍,注记时应避免遮盖主要地物和地形特征部分;高程注记一般注于点的右方,距点间隔 0.5 mm;等高线注记字头应指向山顶或高地,但字头不宜指向图纸的下方和地貌复杂的地方,应注意合理配置,以保持地貌的完整;图廓整饰注记按《1∶500、1∶1 000、1∶2 000 地形图图式》(GB/T 20257.1—2017)执行。

3.2.5　地形图的检查与验收

地形图的检查包括自检、互检和专人检查。在全面检查认为符合要求之后,即可予以验收,并按质量评定等级。数字地形图检查内容及方法如下。

1. 数学基础检查

将图廓点、公里网交点、控制点的坐标按检索条件在屏幕上显示,并与理论值和控制点已知坐标值核对。

2. 平面和高程精度的检查

1)选取检测点的一般规定

数字地形图平面检测点应是均匀分布、随机选取的明显地物点。平面和高程检测点数量视地物复杂程度等具体情况确定,每幅图一般选取 20~50 个点。

2)检测方法

检测点的平面坐标和高程采用外业散点法按测站点精度施测。用钢尺或测距仪(全站仪)量测地物点间距,量测边数每幅图一般不少于 20 处。检测中如发现被检测的地物点和高程点具有粗差时,应视情况重测。当一幅图检测结果算得的中误差超过"数字测图成果质量要求"中位置基准的平面精度和高程精度的规定时,应分析误差分布的情况,再对邻近图幅进行抽查。中误差超限的图幅应重测。

3. 接边精度的检查

通过量取两相邻图幅接边处要素端点的距离是否等于0来检查接边精度,未连接的要素记录其偏离值;检查接边要素几何上自然连接情况,避免生硬;检查面域属性、线划属性的一致性,记录属性不一致的要素实体个数。

4. 属性精度的检查

(1)检查各个层的名称是否正确,是否有漏层。

(2)逐层检查各属性表中的属性项是否正确,有无遗漏。

(3)按地理实体的分类、分级等语义属性检索,在屏幕上将检测要素逐一显示,并与要素分类代码核对来检查属性的错漏,用抽样点检查属性值、代码、注记的正确性。

(4)检查公共边的属性值是否正确。

5. 逻辑一致性检查

(1)用相应软件检查各层是否建立拓扑关系及拓扑关系的正确性。

(2)检查各层是否有重复的要素。

(3)检查有向符号,有向线状要素的方向是否正确。

(4)检查多边形闭合情况,标识码是否正确。

(5)检查线状要素的结点匹配情况。

(6)检查各要素的关系表示是否正确,有无地理适应性矛盾,是否能正确反映各要素的分布特点和密度特征。

(7)检查水系、道路等要素是否连续。

6. 整饰质量检查

(1)检查各要素是否正确,尺寸是否符合图式规定。

(2)检查图形线划是否连续光滑、清晰,粗细是否符合规定。

(3)检查要素关系是否合理,是否有重叠、压盖现象。

(4)检查高程注记点密度是否满足每 100 cm^2 内 8~20 个的要求。

(5)检查各名称注记是否正确,位置是否合理,指向是否明确,字体、字大、字向是否符合规定。

(6)检查注记是否压盖重要地物或点状符号。

(7)检查图面配置、图廓内外整饰是否符合规定。

7. 附件质量检查

(1)检查上交的文档资料填写是否正确、完整。

(2)逐项检查元数据文件是否正确、完整。

3.2.6 实习报告(技术总结)

1. 实习基本情况

(1)封面:实习名称、班级、姓名、学号、指导教师。

(2)目录:实习报告的主要内容及对应页码。

(3)前言:实习的目的、任务、要求及实习的基本情况。

2．作业依据、设备和软件

(1)作业技术依据及其执行情况,执行过程中技术性更改情况等。

(2)使用的仪器设备与工具的型号、规格与特性,使用的软件基本情况介绍等。

(3)作业人员组成。

3．坐标、高程系统

采用的坐标系统、高程系统,地形图的等高距等。

4．图根控制测量

(1)图根控制网的等级、网形、密度、埋石情况、观测方法、技术参数,记录方法,控制测量成果等。

(2)内业计算软件的使用情况,平差计算方法及各项限差等。

(3)实习过程中出现的主要技术问题和处理方法,特殊情况的处理及其达到的效果,新技术、新方法、新设备等应用情况,经验教训、遗留问题、改进意见和建议等。

5．地形图测绘

(1)测图方法,外业采集数据的内容、密度、记录的特征,数据处理、图形处理所用软件和成果输出的情况等。

(2)测图精度的统计、分析和评价,检查验收情况,存在的主要问题及处理方法等。

6．实习体会

实习中遇到的问题及解决的方法,对本次实习的意义和建议,实习收获等。

7．提交成果

(1)技术设计书。

(2)测图控制点展点图,埋石点点之记等。

(3)控制测量平差报告、平差成果表。

(4)地形图元数据文件,地形图全图和分幅图数据文件等。

(5)输出的地形图。

(6)实习报告。

(7)其他需要提交的成果。

附录一　1∶500 地形图测绘技术设计书

一、概　况

为满足×××建设用地的需要,受×××的委托,我公司对×××东西约 500 m、南北约 900 m 的测区进行 1∶500 数字地形图测绘工作。

测区概况:测区位于×××。地形图测绘具体范围:东至×××,南至×××,西至×××,北至×××。

地理位置:东经:×××°××′××″,北纬:××°××′××″。

测区地貌:测区地势平坦,平均高程在××米左右,以水浇地、菜地为主,地面附着物以民用建筑及其附属设施为主,测区交通便利,沟渠纵横。测区地形困难类别定为一般地区Ⅰ类。

作业时间为 9 月、10 月、11 月三个月,因受季风气候影响,以及测区内草木茂盛,给测绘工作带来一定的难度。

二、编制方案的技术依据

1. GB/T 18314—2009《全球定位系统(GPS)测量规范》(以下简称《GPS 规范》)。
2. GB/T 20257.1—2017《国家基本比例尺地图图式　第 1 部分:1∶500、1∶1 000、1∶2 000 地形图图式》(以下简称《图式》)。
3. GB/T 12898—2009《国家三、四等水准测量规范》。
4. GJJ/T 8—2011《城市测量规范》(以下简称《规范》)。

三、已有测绘资料的利用方案

1. 平面控制点资料。测区附近有我公司 2003 年施测的 E 级点 D002、C 级点 HA002 两个 GPS 点。经踏勘检查,标志完好,成果可供利用。
2. 高程控制点资料。在测区附近有我公司 2005 年 6 月测的 SW09 和 WD10 两个国家四等水准成果。经踏勘检核无误,成果可作为本次测量起算成果。
3. 地图资料。测区有 1997 年 1∶10 000 的××县土地利用详查图,可以参考进行测区技术设计、控制网布设和踏勘选点工作。
4. 现有电子地形图资料。测区内有部分 1∶500 平面图,可作为本次工程的一部分使用。

四、坐标系统和高程系统

1. 平面坐标系统。本次平面控制测量将采用中央子午线为 120°的 3°带投影的 1954 北京坐标系,将测区附近的 C、E 级 GPS 点作为起算点。
2. 高程系统。采用 1985 国家高程基准。

五、地形图的比例及成图方法

本测区成图比例尺为 1∶500,基本等高距 0.5 m。

野外采用带有内存的全站仪及 RTK 进行施测,内业用计算机进行数字化成图。

六、采用的软件系统

本测区数字化成图采用南方公司的 CASS 6.0 数字化地形地籍成图软件。软件系统的运行环境：①Windows XP Professional 操作系统；②AutoCAD 软件 2002 版本。

七、控制测量

(一)平面控制测量

1. 以 C 级 GPS 点 HA002 为起算点，使用我公司为××城区所计算的国际第五推荐参考椭球与克拉索夫斯基参考椭球之间的转换参数。使用××型号设备直接布设图根点，以测区内 D002(E 级)进行测区校正。图根点相对于 D002，点位中误差不得大于 5 cm。测站点相对于邻近图根点的点位中误差，不得大于 15 cm。

2. 控制点的命名、编号。图根点编号为 S01、S02 等。

3. 控制点的设置。控制点应选在符合观测条件，通视良好，便于长期保存以及便于以后扩展的地方，在硬性路面宜埋石的点，打入铁钉(桩顶直径 1.5 cm 以上)作标志，在铁钉顶用小钉凿出小眼，并在路面上用红漆圈示；在农田中埋设木桩，桩顶钉入钢钉作为中心标志。

4. 野外数据采集。野外观测采用××型号 GPS 动态接收机(标称精度为 $\pm 2 \text{ cm} + 1 \times 10^{-6} \cdot D$)。经省测绘专用仪器计量站年检合格。

(二)高程控制测量

以测区东侧的四等水准点 WS09 为起算点附合到测区北侧的四等水准点 WD10。采用 DSZ3(S3 级)自动安平水准仪进行施测。测量方法：中丝读数法，读上、下丝计算距离，观测顺序为后-后-前-前。图根点相对于 D002，高程中误差不得大于 5 cm。测站点相对于邻近图根点的高程中误差不得大于 5 cm。

八、数字测图

(一)图根控制及其技术要求

因测区内农田较多，工矿居民点成条形分布，故直接在图根点上发展支导线，支导线须观测左、右角(具体技术要求详见表 1)。

表 1 图根支导线的主要技术要求

项目	要求
支导线最长	900 m
单边最大边长	300 m
支导线最多边数	3
测角回数	1
圆周角闭合差绝对值	≤40″
测边回数	单向 1 测回

(二)数据采集

1. 数据采集方法。碎部点数据采集采用×××及×××型全站仪在测站上直接采集碎部点坐标，存储在仪器内，现场实时绘制测站草图，供数字化成图时参考。

表2 碎部点数据采集主要技术要求

项目	要求
图根点数/km²	60
最大测距	地物点320 m,地形点500 m
距离读至	1 mm
角度读至	1″
测站定向角检核	≤1′
固定方向归零检查	≤1′
仪器对中误差	≤2 mm

2. 地形图测绘基本要求。

(1)地形测图时,每一测站上的文件以当天日期命名。仪器架设在测站上,以较远的一点定向,用其他点进行检核,其角度检测与原角值之差不应大于1′。检测值超限时,应查明原因,在记录手簿上应写明。每站定向和检核后,可选远处目标固定明显、成像清晰的尖状构筑物(如电视塔顶、避雷针等)或房角为固定方向。测图过程中,应随时检查固定方向,固定方向归零差不应大于1′。定向点、检核点方向值及每次固定方向检查值应存进测站文件中。当固定方向归零差超限时,应将固定方向值配置至原来方向值。碎部点测量从上一次固定方向归零检查处重测。

(2)测站点至碎部点的距离一般不得大于定向边的长度,特殊情况不得大于定向边长的2倍。

(3)测量地物点时,应尽量多采集轮廓明显点的坐标;测量地形点时,应尽量多采集地形特征点的坐标。对于少数施测困难的地方,可用钢尺量取尺寸到厘米,在草图上标明,最大量距为30 m。

(4)测量碎部点时,棱镜应尽量放置在所测点最近处,仪器应照准碎部点,测取碎部点坐标;对电杆以及近处的地物点进行偏心观测。

(三)地物、地貌要素测绘及《图式》运用

地物、地貌的各项要素的表示方法和取舍原则按《图式》规定执行。

1. 测量控制点。图根点用《图式》4.1.5表示。
2. 居民地和垣栅。

(1)房屋的轮廓应以墙基外角连线为准,对房屋不同层次、不同结构性质、主要房屋和附加房屋之间的关系,都应用分割线区分表示出来。

(2)房屋基脚轮廓线凹凸在图上小于0.4 mm,简易房屋小于图上0.6 mm时,可适当综合取舍。

(3)居民住房不注结构性质,只注层次。对房屋楼层高度低于2.2 m和该层实际投影面积不足下层楼房面积范围1/2的假楼可不反映。图上房屋层次注记从2层起注。

(4)已建屋基或虽然基本成型但未建成的房屋,应绘出墙基外角的连线并加注"建"说明注记。

(5)居民院内高度不超过正常围墙高度的房屋,破坏房屋,面积小于2 m²的房屋,临时性的围墙、工棚,可搬移的售货亭不表示。

(6)凡土墙以及用草、油毛毡、石棉瓦、塑料制品等材料构建的屋顶和用铁皮构建的房屋,均用简易房屋符号表示。

(7)房屋没有支柱的檐廊可不表示;有柱的檐廊用《图式》4.3.6表示,支柱配置表示,不代表实际位置;两端有支撑墙而中间无支柱的檐廊,用《图式》4.3.117表示;建筑部分超出房屋墙基的楼层称挑层,涉及三种情况,表示方法如下:①挑层宽度大于1 m,挑层与主体房屋的分界线用虚线表示;挑层宽度大于3 m,挑层应注记起、止楼层;②挑层小于1 m,虚线不绘,房屋的轮廓线以挑层的投影为准;③挑层下若有支柱,支柱配置表示,不代表实际位置。

(8)房屋中间或一角凹进,且上有盖顶,凹进部分外廓用虚线表示。

3. 道路及附属设施。道路测绘,要求等级分明、位置正确,应按真实路边线位置表示,线段曲直和交叉位置的形式要反映逼真,道路通过居民地不宜中断,可根据实际情况正确表示。

(1)等级公路应绘出铺面线、路基线。路肩宽度图上大于1 mm依比例尺表示;小于1 mm时以1 mm绘出,并在图上每隔15～20 cm注出公路技术等级代码,并加注材质。

(2)宽度在3～4 m,能通行手扶拖拉机的道路,用大车路符号表示(《图式》4.4.18)。

(3)乡村路较密集时,可视通行情况用小路符号表示(《图式》4.4.20),但应成网,并反映疏密特征。双线道路下的涵管选取主要的表示。

(4)图上宽度1 mm以上的桥梁依比例尺用《图式》4.4.33a表示,其余的不依比例尺,用《图式》4.4.33b表示。

(5)宽度大于1 m的涵洞用《图式》4.2.14a表示,小于1 m的涵洞用《图式》4.2.14b表示。

(6)单位内部道路用《图式》4.4.16表示,并注记材质。

4. 管线及附属设施。

(1)永久性的电力线、通信线均应表示,电杆、铁塔均按真实位置测绘。同一杆架上有多种线路时,只表示主要的一种,但在分叉、中断处需交代清楚。电力线、通信线图内不连线,但应在杆架处和内图廓处绘出10 kV以上电力线连线方向。进入房屋的简易线路可不表示。

(2)主要道路上、两边及单位内部的上水、下水、电力、通信等检修井宜测绘表示。消防栓均应逐个表示。

5. 水系及附属设施。

(1)池塘岸边线以上边线内侧绘出。水塘、鱼塘应加注"塘"或"鱼",有水生作物的水塘,应加注水生作物名称。

(2)沟渠宽度超过0.5 m以双线依比例尺表示,小于0.5 m以单线表示。所有河流、沟渠均应绘出水流方向,单线沟渠在单线上注明水流方向。

6. 地貌。

(1)等高线不绘制。

(2)比高大于0.5 m的堤、坎、坡等均应表示。图上长度小于5 mm的陡坎、斜坡可不表示;当坎、坡较密时可适当取舍。

(3)田埂宽度大于0.5 m的用双线符号表示,其余用单线表示。田埂较密时可适当取舍。

7. 植被。

(1)沿道路、沟渠、土堤、河流、水塘等成行排列的树林以行树符号表示。

(2)一年内分几季种植不同作物的耕地,应以夏季主要作物为准配置符号表示;其他旱地、水生经济作物及园地均按《图式》规定表示。房前屋后、单位院子里的零星菜地不表示。植被符号按"品"字形标注,间距应均匀。

(3)居民住宅前的水泥场地面积大于图上 1 cm² 的用地类界表示其范围,并加注"水泥",有线状地物的其范围以线状地物代替。

8. 碎部点高程测注。

(1)高程注记点用 RTK 直接施测。

(2)高程注记点应尽量分布均匀,高程注记点间距 15~23 m。

(3)对于田角、房角、桥中心、道路交叉转折点、地形起伏变化处、单位的主要出入口等地形特征点应优先测注高程,双线道路、主要堤堆顶,图上每隔 10~15 cm 测注一点。

9. 地理名称和注记。

(1)工矿企业单位、机关、学校、医院及有名称的桥、闸、河流都应正确注记名称。

(2)村组名称以村组合并后名称为准。全名称较长者可省略注出,但含义要确切。

(3)所有名称应使用国务院批准的简化字,方言字、地方字应注出拼音字母和汉字谐音。

(4)注记字体要清晰易读,指向明确。

10. 避让原则。地形图上各种要素配合表示,采用次要地物避让重要地物的方法,应符合下列规定:

(1)当房屋等建筑物边线与陡坎、斜坡、围墙等边线重合时,应以房屋等建筑物为准,其他地物可避让,位移 0.3 mm(图上,下同)表示。当简易房、棚房以围墙为其墙时,以围墙表示简易房、棚房的墙。

(2)当两个地物中心重合或接近,难以准确表示时,可将重要的地物准确表示,次要地物移位 0.3 mm 或缩小 1/3 表示。

(3)房屋、围墙等高出地面的建筑物与道路(双线路边线、单线路中心线)重合时,以建筑物边线为准,道路可移位 0.3 mm。

(4)独立性地物与道路、水系等其他地物重物时,可中断其他符号,间隔 0.3 mm,将独立性地物完整绘出。

(5)双线路边与双线沟边重合时,双线沟边移位 0.2 mm 表示;双线路边与单线沟边重合时,单线沟移位 0.3 mm 表示;单线路边与双线沟边、单线沟边重合时,单线路移位 0.3 mm 表示。

(6)地类界与地面上有实物的线状符号(如道路、河渠、围墙等)重合,可省略不绘;与地面无实物的线状符号(如境界、电力线、通信线等)重合时,可将地类界移位绘出,不得省略;当植被为线状符号分割时,应在每块被分割的范围内至少绘出一个能说明植被属性的相应符号。

(四)数据、图形处理

1. 测量数据编辑。野外采集数据存储在全站仪内,应及时传输到计算机中,数据传输软件采用南方 CASS 6.0 数字化地形地籍成图软件。对野外采集的原始数据,不得作任何删改。计算机中所存进的野外数据文件名,应与全站仪内所存文件名相同,每天所采集数据以前一天点号+1 向后延续或在展点号后以不同色彩加以区别,以便于数字地形图的编辑。

2. 数字化地形图成图。

(1)数字化地形图成图采用南方 CASS 6.0 数字化地形地籍成图软件。

(2)地形图分层,按表 3 执行。

表 3　地形要素分层及各层主要内容

层名	主要内容
KZD	GPS 点、平面控制点、高程控制点
GCD	碎部高程注记点
JMD	一般房屋、简单房屋、棚房、厕所、建筑中房屋等
GXYZ	电力线、铁塔、电杆、变压器、通信线、通信杆、路灯、消防栓、上水、下水等
DLDW	工业设备、水塔、抽水机站、田埂、窑、坟地等
DLSS	公路、大车路、小路、路涯、桥梁、涵洞等
SXSS	河流边线、水涯线、池塘、沟渠、水闸、流向等
DMTZ	陡坎、斜坡等
ZBTZ	水稻田、旱地、菜地、果园、桑园、绿化带、行树、地类界等
TK	图廓、坐标格网线、图廓外注记
ZJ	地名、单位名、道路名、河流名、桥梁名、各种说明、注记等
JJ	境界线，如县界、乡镇界、村界、组界
ZDH	展点号
0	其他未列入上述图层的要素

3. 数字化成图的线条、注记应清晰美观，线型、线宽以及注记的规格、字体、字向、字距、字列按《图式》4.9 规定执行。

4. 居民地建筑物及面状附属物的边线应严格闭合，建筑物及其附属物的边线相交联结时必须使用"捕捉"方式生成。

九、检查验收

1. 对本工程各项成果实行小组自查互校基础上的专职检查人员、技术负责人二级检查制度。

2. 作业小组对所做成果必须要全面地进行自查，确认无误后方可上交专职检查人员。

3. 生产期间，作业组必须加强过程检查，专职检查人员严格把住质量关，保证成果的质量。

4. 对成果质量检查的比例是：作业小组必须达到 100%；专职检查人员室内检查 100%，室外不低于 20% 的检查；检查验收室外检查应达到 10%。

十、提交资料

应上交的成果资料及附图：

1. 技术设计书一份。
2. 控制点成果表一份。
3. 控制点点位略图一份。
4. 数字化地形图（格式为 DWG 图形数据文件格式）。
5. 技术总结。

附录二 棋盘山水库大坝变形监测控制网、库区地形图测量技术总结

一、概　述

受×××委托，×××承担了棋盘山水库大坝变形监测控制网、库区地形图、大坝横断面的测量任务；并于2007年9月17日进入现场勘察，28日结束外业，10月8日上交全部测量成果。

测区位于棋盘山水库，经度：东经×××°××′××″，纬度：北纬××°××′××″。主要测量内容是：25 km的三等水准路线、大坝变形监测平面控制网、大坝变形监测高程控制网、大坝标准断面图和大坝周边1∶500地形图。

二、已有资料及其利用

收集并使用测区附近两个GPS点(DYS,PXZ2)的控制资料，其平面成果为1954北京坐标系，中央经线经度为123°；高程成果为1956黄海高程系统。另外收集到了位于××区××内的一个沈阳市二等水准点，其高程为53.×××，编号为沈阳××。

三、作业依据、设备及人员

1. 作业依据。

(1)《水利水电工程测量规范》(SL 197—2013)。

(2)《全球定位系统(GPS)测量规范》(GB/T 18314—2009)。

(3)《国家基本比例尺地图图式　第1部分：1∶500、1∶1 000、1∶2 000地形图图式》(GB/T 20257.1—2017)。

2. 仪器设备投入。

本项目拟投入仪器设备及软件情况：

序号	设备名称	品牌型号	数量	状态	备注
1	GPS	南方9600	4台	合格	平面精度：$2\text{ cm}+1\times 10^{-6}\times D$ 高程精度：$2\text{ cm}+2\times 10^{-6}\times D$
2	便携机	DELL D800	1台	合格	
3	精密水准仪	WILD N3	1台	合格	每千米往返测平均高差中误差：1 mm/km
4	水准仪	DZS3	1台	合格	每千米往返测平均高差中误差：3 mm/km
5	全站仪	SOKKIA SET530R	2台	合格	测角精度：5″ 测距精度：$3\text{ mm}+2\times 10^{-6}\times D$
6	全站仪	PENTAX PSV-2	1台	合格	测角精度：2″ 测距精度：$3\text{ mm}+2\times 10^{-6}\times D$
7	绘图软件	地形图制图系统CASS 5.1	1套	有效	生产商：南方测绘公司 版本：CASS 5.1
8	数据处理软件	平差易2002	1套	有效	生产商：南方测绘公司 版本：Power Adjust 2002
9	数据处理软件	GPS数据处理软件包	1套	有效	生产商：南方测绘公司 版本：GPSPro Ver 4.0

3. 人员。

队长：×××

技术负责人：××× ×××

队员：×××、×××、×××等

四、坐标及高程系统

1. 平面采用1954北京坐标系；中央经线123°。
2. 高程采用1956黄海高程系统。

五、控制网的外业观测及内业计算

(一)平面控制测量

1. 首级平面控制测量。

(1)控制点资料。使用水库附近的大洋山和满堂山上的两个已知点，其坐标和高程数据如下：

点名	位置	坐标 X	坐标 Y	高程 H
DYS	大洋山	4 647 943.×××	557 145.×××	245.×××
PXZ2	满堂山	4 641 034.×××	553 409.×××	189.×××

(2)观测方法。用南方静态GPS9600共四台仪器进行观测，组成边连式的GPS首级控制网，如图1所示。

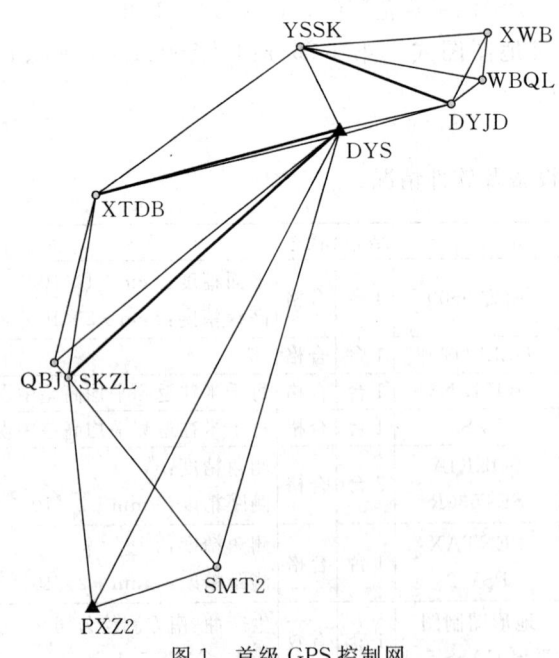

图1 首级GPS控制网

技术参数要求：

GPS网等级：二等　　　　　观测时段长度：≥90分钟

采样间隔：10秒　　　　　截止高度角：15°　　　PDOP值：<6

(3)平差计算。采用南方测绘静态 GPS 数据处理软件进行数据处理,最后成果如下:

ID	坐标 X	坐标 Y	高程 H	x	y	h	点名
QBJ	4 644 558.×××	552 860.×××	103.×××				QBJ
DYS	4 647 943.×××	557 145.×××	245.×××	×	×	×	DYS
DYJD	4 648 280.×××	558 799.×××	111.×××				DYJD
XWB	4 649 314.×××	559 355.×××	106.×××				XWB
PXZ2	4 641 034.×××	553 409.×××	189.×××	×	×	×	PXZ2
SKZL	4 644 336.×××	553 074.×××	103.×××				SKZL
SMT2	4 641 582.×××	555 294.×××	120.×××				SMT2
WBQL	4 648 621.×××	559 269.×××	104.×××				WBQL
XTDB	4 646 986.×××	553 504.×××	73.×××				XTDB
YSSK	4 649 124.×××	556 560.×××	96.×××				YSSK

2. 变形监测网平面控制测量。

(1)GPS 观测方法。用南方静态 GPS9600 共四台仪器进行观测,组成边连式的 GPS 控制网,如图 2 所示。

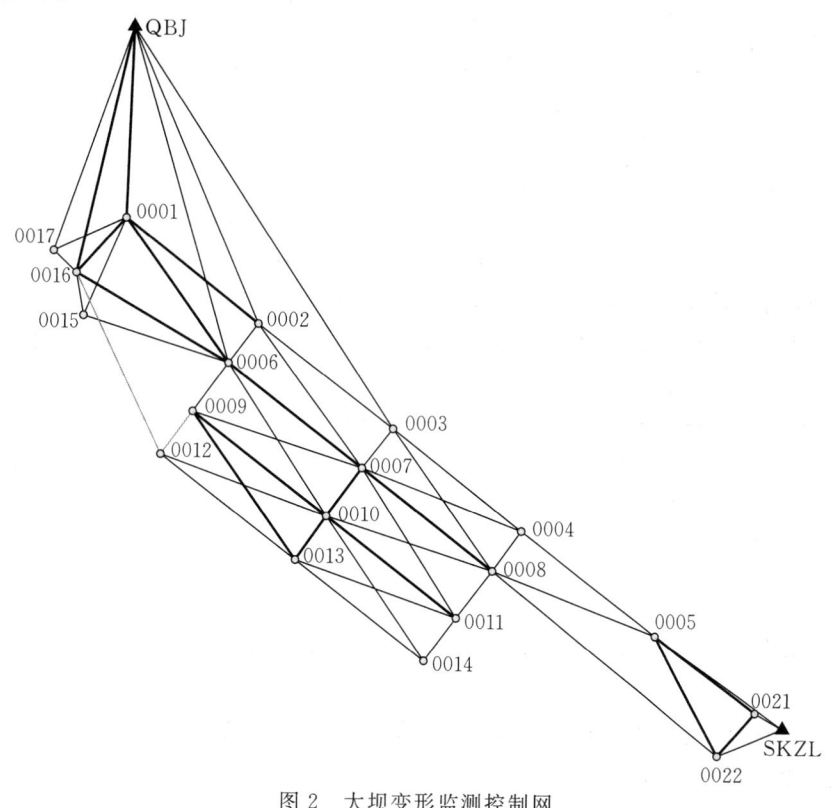

图 2　大坝变形监测控制网

技术参数要求:

GPS 网等级:二等　　　　　观测时段长度:≥90 分钟

采样间隔:10 秒　　　　　　截止高度角:15°　　　　PDOP 值:<6

(2)GPS 网平差计算。采用南方测绘静态 GPS 数据处理软件进行数据处理,最后成果如下:

ID	坐标 X	坐标 Y	高程 H	x y h	点名
0003	4 644 430.×××	552945.×××	101.×××	×	0003
0010	4 644 402.×××	552924.×××	93.×××	×	0010
QBJ	4 644 558.×××	553074.×××	103.×××	× × ×	QBJ
SKZL	4 644 336.×××	553074.×××	103.×××	× × ×	SKZL
0001	4 644 496.×××	552 858.×××	101.×××		0001
0002	4 644 463.×××	552 901.×××	101.×××		0002
0004	4 644 398.×××	552 987.×××	101.×××		0004
0005	4 644 365.×××	553 031.×××	101.×××		0005
0006	4 644 450.×××	552 891.×××	102.×××		0006
0007	4 644 417.×××	552 935.×××	102.×××		0007
0008	4 644 385.×××	552 978.×××	102.×××		0008
0009	4 644 435.×××	552 880.×××	93.×××		0009
0011	4 644 370.×××	552 966.×××	93.×××		0011
0012	4 644 421.×××	552 870.×××	87.×××		0012
0013	4 644 388.×××	552 914.×××	87.×××		0013
0014	4 644 356.×××	552 956.×××	87.×××		0014
0015	4 644 465.×××	552 844.×××	109.×××		0015
0016	4 644 478.911	552 842.113	109.×××		0016
0017	4 644 485.498	552 834.540	112.×××		0017
0021	4 644 341.459	553 065.251	103.×××		0021
0022	4 644 327.680	553 052.521	103.×××		0022

(3)全站仪闭合导线。大坝测的三个基点 $B18$、$B19$、$B20$ 因为被树木覆盖,无法接收 GPS 信号,所以采用闭合导线的形式观测,网形如图 3 所示。用××型 2″ 全站仪观测,采用平差易软件进行平差,最终结果如下:

点名	X/m	Y/m	H/m	备注
$B21$	4 644 341.×××	553 065.×××		已知点
$B18$	4 644 327.×××	553 100.×××		
$B19$	4 644 314.×××	553 085.×××		
$B20$	4 644 295.×××	553 092.×××		
$B22$	4 644 327.×××	553 052.×××		已知点

几点说明:

a. 本成果为按导线网处理的平差成果。计算软件:南方平差易 2002。网名:棋盘山水库大坝变形监测高程控制网。计算日期:××××-××-××。

观测人:×××　　记录人:×××　　计算者:×××

测量单位:×××

b. 平面控制网等级:城市二级,验前单位权中误差 $8.0″$。

c. 控制网数据统计结果:

[边长统计结果]总边长:295.824 5 m;平均边长:29.582 4 m;最小边长:18.760 2 m;最大边长:51.181 3 m。

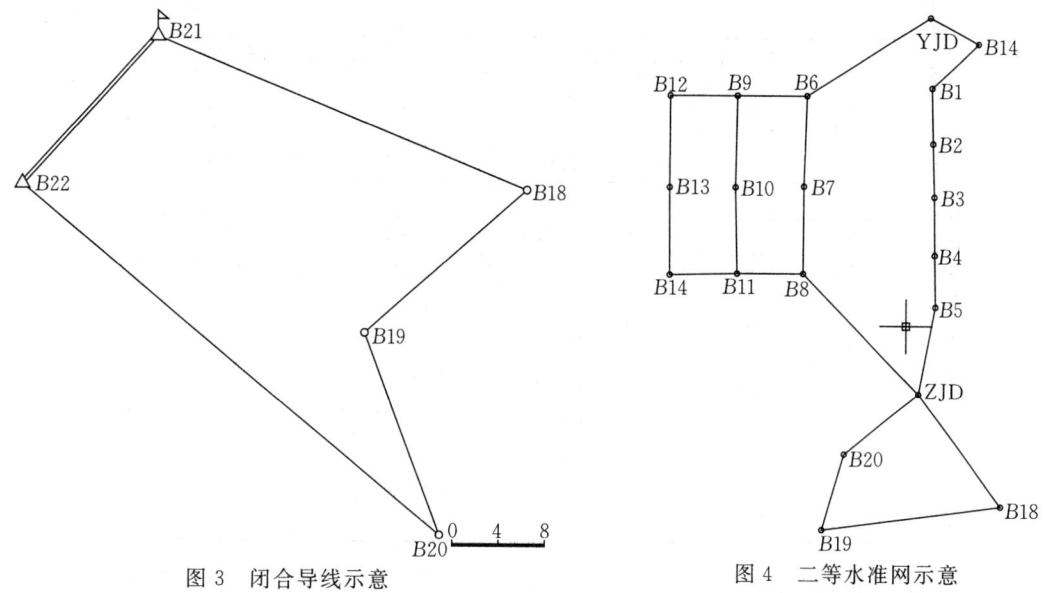

图 3 闭合导线示意　　　　图 4 二等水准网示意

[角度统计结果]控制网中最小角度:29.582 3°；最大角度:249.425 4°。

d. 控制网中最大误差情况：

最大点位误差＝0.004 1 m

最大点间误差＝0.005 8 m

最大边长比例误差＝6 062

平面网验后单位权中误差＝7.02″

e. 几何条件：

闭合导线路径：[B21－B18－B19－B20－B22]

角度闭合差＝－27″，限差＝36″

纵坐标增量闭合差 $f_x=-0.003$ m，横坐标增量闭合差 $f_y=0.004$ m，导线全长闭合差 $f_d=0.005$ m

导线全长＝147.913 m，导线相对闭合差＝1/26 784，平均边长＝29.583 m

（二）高程控制测量

1. 高程数据的引入。已知的水准点位于东陵区东陵供销社农学院商店内的一个沈阳市二等水准点，其高程为53.114 m，编号为沈阳63。顺着沈棋公路布设了一条闭合水准路线，全长25 km，采用××型水准仪进行三等水准测量。成果如下：

点名	往测高差/m	返测高差/m	平均高差/m	高程/m
起始点	－0.486	－0.484	－0.485	53.××××
N1	1.817	1.829	1.823	52.××××
N2	－0.202	－0.199	－0.200 5	54.××××
N3	18.245	18.233	18.239	54.××××
N4	18.539	18.535	18.537	72.××××
N5	－9.649	－9.653	－9.651	91.××××
N6	16.928	16.94	16.934	81.××××

续表

点名	往测高差/m	返测高差/m	平均高差/m	高程/m
N7	−3.85	−3.846	−3.848	98.××××
N8	15.646	15.629	15.637 5	94.××××
N9	9.101	9.097	9.099	110.××××
N10	−8.382	−8.382	−8.382	119.××××
N11	9.872	9.864	9.868	110.××××
XMT2	0.119	0.114	0.116 5	120.××××
SMT2	5.518	5.525	5.521 5	120.××××
N12	−35.883	−35.88	−35.881 5	126.××××
N13	−11.774	−11.773	−11.773 5	90.××××
N14	25.235	25.241	25.238	78.××××
SKZL	5.594	5.59	5.592	103.××××
基点				109.××××
累计高差	56.388	56.38	56.384	109.××××

2. 变形监测网高程控制测量。大坝变形监测网高程控制网共 14 个变形监测点和 12 个测压管,采用××型精密水准仪进行二等精密水准测量,共布设了 4 个闭合环,采用南方测绘平差易 2002 版本软件进行成果计算。高程控制网示意图如图 4 所示。

高程控制网平差结果如下:

(1)本成果为按高程网处理的平差成果。计算软件:南方平差易 2002。

网名:棋盘山水库大坝变形监测高程控制网　　计算日期:××××-××-××

观测人:×××　　记录人:×××　　计算者:×××

测量单位:×××

(2)高程控制网等级:国家二等。

每千米高差中误差 = 2.15 mm

起始点高程:$H_{ZJD} = 109.\times\times\times\times$ m

闭合差统计报告

路线形式	水准路线	高差闭合差/mm	限差/mm	路线长度/km
闭合路线	[B19-B20-B18-ZJD]	1.3	1.4	0.117
闭合路线	[B10-B9-B6-B7-B8-B11]	1.0	2.6	0.422
闭合路线	[B12-B13-B14-B11-B10-B9]	0.9	2.3	0.342
闭合路线	[B1-B14-YJD-B6-B7-B8-ZJD-B5-B4-B3-B2]	0.3	3.6	0.820

控制点成果表

点名	H(水准高程)	等级	备注	大坝测压管高程	
				点号	高程
ZJD	109.××××	Ⅱ		1	101.×××
YJD	103.××××	Ⅱ		2	101.×××
QBJ	103.××××	Ⅱ		3	101.×××
SKZL	103.××××	Ⅱ		4	102.×××
B1	101.××××	Ⅱ		5	102.×××
B2	101.××××	Ⅱ			

续表

点名	H（水准高程）	等级	备注	大坝测压管高程	
B3	101.××××	Ⅱ		6	102.×××
B4	101.××××	Ⅱ		7	93.×××
B5	101.××××	Ⅱ		8	93.×××
B6	102.××××	Ⅱ		9	93.×××
B7	102.××××	Ⅱ		10	87.×××
B8	102.××××	Ⅱ		11	87.×××
B10	93.××××	Ⅱ			
B11	93.××××	Ⅱ			
B12	87.××××	Ⅱ			
B13	87.××××	Ⅱ			
B14	87.××××	Ⅱ			
B15	109.×××		三角高程		
B16	109.×××		三角高程		
B17	112.×××		三角高程		
B18	113.××××	Ⅱ			
B19	111.××××	Ⅱ			
B20	115.××××	Ⅱ			

说明：B15、B16、B17 三个点是大坝右岸山坡上的三个点，因为地势陡峭，无法用水准测量的方法进行观测，因此采用了三角高程进行直反站观测，取最终平均值如上表所示。

六、大坝周围地形图测绘

采用××型全站仪进行外业数据采集，然后采用南方测绘 CASS 5.1 成图软件进行绘图，比例尺 1∶500，最终测图面积大约 166 000 m^2，约合 16 hm^2。覆盖大坝和两端山体、坝下排水棱体、排水槽、尾水渠，以及居民桥、乐园、输水洞、进口和出口起闭室、溢洪道及两边各 150 m。同时测绘了上坝公路、挡水墙、道口、路灯、电缆走向、办公楼院内等水库主要建筑物。

七、横断面测量技术要求

（一）比例尺及断面编号方法

1. 成图比例尺为：纵向 1∶100，横向 1∶500。
2. 断面成图方法：数字化成图。
3. 断面编号方法：从大坝左侧的挡水墙头开始编号，作为 K0+000，然后每隔 50 m 设置一个断面，编号分别为 K0+050、K0+100、K0+150、K0+200、K0+250、K0+300。加测了三个断面，总共九个断面。

（二）断面数据采集及成图

1. 观测方法：利用××型全站仪进行外业数据采集。
2. 作业流程：用全站仪采集断面点三维坐标直接存于内存→通信至南方 CASS 5.1 数字成图软件导入计算机中，经过编辑→小组自检、互检→技术负责专检，最后成图。

八、检查验收

按测绘成果检查验收规定,作业部门对作业成果实行二级检查,即在作业员自查、互查的基础上,实行技术负责人二级检查,检查比例均为100%,最后由队长进行验收、上交。

控制点选点埋石检查率100%;外业观测手簿检查率100%;计算过程检查率100%;绘图过程检查率100%;成果整理检查率100%。

九、上交资料

1. 横断面图(电子版)。
2. 1:500地形图(电子版)。
3. 变形监测网平面控制成果。
4. 变形监测网高程控制成果。
5. 技术总结(电子版)。
6. 打印成果一套。

参考文献

国家测绘局.2005.测绘技术设计规定:CH/T 1004—2005[S].北京:测绘出版社.
国家测绘局.2005.测绘技术总结编写规定:CH/T 1001—2005[S].北京:测绘出版社.
国家测绘局.2010.全球定位系统实时动态测量(RTK)技术规范:CH/T 2009—2010[S].北京:测绘出版社.
谢爱萍,王福增.2012.数字化测图[M].武汉:武汉理工大学出版社.
杨晓明,沙从术,郑崇启,等.2009.数字测图[M].北京:测绘出版社.
杨晓明,王德军,时东玉,等.2001.数字测图(内外业一体化)[M].北京:测绘出版社.
张博.2018.数字测图[M].2版.北京:测绘出版社.
张博,蒋喆,程小兵,等.2016.数字化测图[M].北京:中国水利水电出版社.
中国国家标准化管理委员会.2017.国家基本比例尺地图图式 第1部分:1∶500、1∶1000、1∶2000 地形图图式:GB/T 20257.1—2017[S].北京:中国标准出版社.
中国国家标准化管理委员会.2017.1∶500、1∶1000、1∶2000 外业数字测图规程:GB/T 14912—2017[S].北京:中国标准出版社.
中国国家标准化管理委员会.2008.数字测绘成果质量检查与验收:GB/T 18316—2008[S].北京:中国标准出版社.
中国国家标准化管理委员会.2008.数字测图成果质量要求:GB/T 17941—2008[S].北京:中国标准出版社.
中华人民共和国住房和城乡建设部.2012.城市测量规范:CJJ/T 8—2011[S].北京:中国建筑工业出版社.